岩土工程与水文水资源研究

徐延武　咸敬峰　王　震 ◎ 著

北京燕山出版社
BEIJING YANSHAN PRESS

图书在版编目（CIP）数据

岩土工程与水文水资源研究 ／ 徐延武，咸敬峰，王
震著.—北京 ：北京燕山出版社，2023.8
　　ISBN 978-7-5402-6928-9

　　Ⅰ．①岩… Ⅱ．①徐… ②咸… ③王… Ⅲ. ①岩土工
程－研究②水资源－研究 Ⅳ．①TU4②TV211

中国国家版本馆CIP数据核字(2023)第089960号

岩土工程与水文水资源研究

作　　者	徐延武　咸敬峰　王　震
责任编辑	李　涛
出版发行	北京燕山出版社有限公司
社　　址	北京市西城区椿树街道琉璃厂西街20号
电　　话	010-65240430
邮　　编	100052
印　　刷	北京四海锦诚印刷技术有限公司
开　　本	787mm×1092mm　1/16
字　　数	202千字
印　　张	10.75
版　　次	2023年8月第1版
印　　次	2023年8月第1次印刷
定　　价	78.00元

作者简介

　　徐延武，男，汉族，1973年9月出生，山东日照人，工程师。中国地质大学（武汉）土木工程专业（岩土工程）毕业，1992年7月在冶金工业部地质勘查局山东局四队参加工作，2020年8月获得工程师任职资格，同期被中国冶金地质总局山东局聘为工程师，现任山东正元建设工程有限责任公司日照分公司经理，负责主持公司的全面工作。

　　咸敬峰，男，汉族，1975年7月出生，山东临沂人，工程师。河北建筑科技学院水文地质与工程地质专业毕业，1999年7月在冶金工业部地质勘查局山东局四队参加工作，2017年9月获得工程师任职资格，同期被中国冶金地质总局山东局聘为工程师，现任山东正元建设工程有限责任公司日照分公司副经理，主要负责安全生产工作。

　　王震，男，汉族，1985年3月出生，山东利津人，2015年11月加入中国共产党，高级工程师，注册土木工程师（岩土）。山东水利职业学院水利工程专业毕业，2006年7月至2016年10月于日照市城乡建设勘察测绘院从事岩土工程勘察工作。2016年11月至今在山东正元建设工程有限责任公司日照分公司工作主要负责岩土工程勘察及岩土工程施工技术管理，现任公司总工。

前　言

　　岩土工程是多门学科交叉的边缘学科，在公路、铁路、桥梁、隧道、堤坝、机场、工业与民用建筑等领域广泛应用。在土力学、基础工程和工程地质等先修课程的基础上，学生通过本课程的学习，能对岩土工程的基本知识、理论和方法有全面、系统和深入的了解，能够获得解决岩土工程实际问题的能力，能从事岩土工程的勘察、设计和施工，并具有一定的研究和开发能力。

　　我国自改革开放以来，经济建设蓬勃发展，高楼大厦如雨后春笋般拔地而起。在超大超深基坑工程、软土地基的处理、地下铁道、大型港口码头、大跨度桥梁、高坝和水利枢纽、高速公路和机场等工程中，土力学这门学科发挥了巨大的作用。土力学为工程服务，与工程建设相结合，发展成为"岩土工程学"。这是学科发展的飞跃。

　　近年来，随着国民经济的不断发展，建设工程的规模和难度都在加大，与之相对应的环境问题也逐渐突出，尤其是水文水资源的问题。水是人类赖以生存的重要资源，水资源的利用与保护需要我们给予重视。本书结合编者及其教学团队多年教学、科研、实践的经验，以实用技术及理论基础并重为原则，协调好基础理论与现代科技间的关系，吸收先进的生产设备和生产工艺，统筹安排，使本书内容更加贴近生产实践。

　　本书共七章，第一章简要概述了岩土工程勘察方法与技术要求、不同工程场地的岩土工程勘察、岩土工程中的地下水勘察，以及岩土工程勘察中的水文地质问题与策略；第二章简要概述了岩土工程爆破器材与起爆方法、露天工程爆破技术、地下工程爆破技术，以及岩土工程爆破安全；第三章简要概述了基坑工程监测与报警、滑坡地质灾害的监测、道路地基沉降变形观测、隧道地下工程监测与方案设计，以及水环境监测及其现实意义；第四章分别概述了生态背景下的岩土工程创新措施；第五章简要概述了水文与水资源的特性及关系、地表水的来源与地表水资源，以及地下水的运动及其动态平衡；第六章简要概述了生活用水、农业用水、工业用水及其节水措施，以及生态用水及其保障措施；第七章简要概述了水资源开发的方向、水资源开发利用工程、水资源的公共行政管理，以及水资源管理的规范化及其制度体系建设。

　　由于本书包罗内容较广，涉及知识较多，编者水平有限，各章节内容的格式、深度和广度可能并不一致，且谬误无可避免，敬请读者批评指正。

作者

2023 年 3 月

目　录

第一章 岩土工程勘察技术

岩土工程包括岩体工程和土体工程。岩土工程是土木工程最广泛的边缘学科，它与土木工程所有领域的知识都相关。岩土工程（Geotechnical Engineering）以土力学、岩体力学和工程地质学为理论基础，来解决在建设过程中出现的与岩体和土体有关的工程技术问题，是地质与工程紧密结合的学科。

诸如公路、铁路、桥梁、隧道、堤坝，机场、工业与民用建筑等土木工程，其建筑物不是修建在土体或岩体上，就是修建在土体或岩体中，或以土或岩石作为建筑材料，以至于岩土体和建筑物之间存在着十分密切的关系。

土木工程包括对各种不同结构及其体系进行分析、设计与施工，作为建筑物的地基起着对上部结构的支持与传力作用；作为地下工程，其周围岩土体通过围岩压力对建筑物起着施力作用；作为坡脚附近的建筑物，坡体的稳定性直接关系到建筑物的安全和使用；作为建筑材料，则具有最直接地决定土木工程结构本身实现其功能的可靠性。每个建筑场地上岩土工程的性状以及这些建筑物在施工过程中和工程竣工以后与岩体之间的相互作用，都直接关系到工程的质量、经济和安全生产。

第一节 岩土工程勘察方法与技术要求

一、岩土工程勘察方法

岩土工程勘察野外工作的方法或技术手段，主要有以下几种：一是工程地质测绘与调查；二是岩土工程勘探与取样；三是原位测试与室内试验；四是现场检验与监测。

工程地质测绘是岩土工程勘察的基础工作，一般在勘察的初期阶段进行。这一方法的本质是运用地质、工程地质理论，对地面的地质现象进行观察和描述，分析其性质和规律，并借以推断地下的地质情况，为勘探、测试工作等其他勘察工作提供依据。在地形地貌和地质条件较复杂的场地，必须进行工程地质测绘；但对地形平坦、地质条件简单且较狭小的场地，则可采用调查代替工程地质测绘。工程地质测绘是认识场地工程地质条件最经济、最有效的方法，高质量的测绘工作能相当准确地推断地下的地质情况，起到有效指导其他勘察方法的作用。

岩土工程勘探工作包括物探、钻探和坑探等各种方法。它是被用来调查地下的地质情况的，并且可利用勘探工程取样或进行原位测试和监测。应根据勘察目的及岩土的特性选用上述各种勘探方法。物探是一种间接的勘探手段，它的优点是较之钻探和坑探轻便、经济而迅速，能够及时解决工程地质测绘中难以推断而又亟待了解的地下地质情况，所以常常与测绘工作配合使用。它又可作为钻探和坑探的先行或辅助手段。

原位测试与室内试验的主要目的，是为岩土工程问题分析评价提供所需的技术参数，包括岩土的物性指标、强度参数、固结变形特性参数、渗透性参数和应力、应变时间关系的参数等。原位测试一般都借助于勘探工程进行，是详细勘察阶段的主要勘察方法。

现场检验与监测是构成岩土工程系统的一个重要环节，大量工作在施工和运营期间进行；但是这项工作一般须在后期勘察阶段开始实施，所以又被列为一种勘察方法。它的主要目的在于保证工程质量和安全，提高工程效益。现场检验是指施工阶段对先前岩土工程勘察成果的验证核查以及岩土工程施工监理和质量控制。现场监测则主要包含施工作用和各类荷载对岩土反应性状的监测、施工和运营中的结构物监测和对环境影响的监测等方面。检验与监测所获取的资料，可以反求出某些工程技术参数，并以此为依据及时修正设计，在技术和经济方面进行优化。此项工作主要是在施工期间进行，但对有特殊要求的工程以及一些对工程有重要影响的不良地质现象，应在建筑物竣工运营期间继续进行。

随着科学技术的飞速发展，岩土工程勘察领域也在不断引进高新技术。例如，工程地质综合分析、工程地质测绘制图和不良地质现象监测中遥感（RS）、地理信息系统（GIS）和全球卫星定位系统（GPS）即"3S"技术的引进，勘探工作中地质雷达和地球物理层成像技术（CT）的应用等，对岩土工程勘察的发展有着积极的促进作用。

二、一般规定和工业与民用建筑勘察的总体要求

我国《岩土工程勘察规范》（GB 50021-2001）（2009年版）中明确规定：各项工程建设和施工之前，必须按基本建设程序进行岩土工程勘察，岩土工程勘察应按工程建设各阶段的要求，正确反映工程地质资料，查明工程地质条件，提出资料完整、评价正确的勘察报告。

岩土工程勘察的阶段划分是与工程设计及施工的阶段密切相关的。岩土工程勘察一般分为四个阶段：

可行性研究阶段：满足工程选址或确定场地的要求。

初步勘察阶段：符合初步设计或扩大初步设计的要求。

详细勘察阶段：符合施工图设计的要求。

施工勘察阶段：不是必须进行的固定勘察阶段，仅在地质条件复杂或有特殊施工要求的重要工程地基才进行施工勘察，对地质条件简单、面积不大或有较多经验积累的地区，

则可简化勘察阶段。

工业与民用建筑勘察，主要是房屋建筑勘察。勘察工作应满足以下要求：

第一，查明场地及地基的稳定性、地层结构、持力层和下卧层的工程特性、土的应力历史、地下水条件及不良地质作用等。

第二，提出满足设计、施工所需的岩土参数，确定地基承载力，预测地基变形性状。

第三，提出地基基础、基坑支护、工程降水和地基处理设计与施工方案的建议。

第四，提出对建筑物有影响的不良地质作用的防治方案的建议。

第五，对于抗震设防烈度大于或等于6度的场地，进行场地与地基的地震效应评价。

（一）可行性研究勘察阶段岩土工程的基本技术要求

稳定性是指拟建场地保持稳定状态的能力，就范围而言，是包含拟建场地在内的区域稳定性，从小范围而言是不良地质作用，如滑坡、崩塌、泥石流、岩溶、土洞、断层、洪水淹没、水流冲蚀等，对场地稳定程度的影响。同时，因工程活动，如边坡开挖、施工降水等，而导致场地稳定性变化，这些都是可行性研究阶段必须明确回答的。适宜性是指场地条件、地形、地层结构、水文地质等对工程建设的适宜程度。所以，在某些程度上稳定性和适宜性是一致的，例如，不良地质现象发育，对场地稳定有直接或潜在威胁，或建筑物位于斜坡上，在其施工、使用过程中，斜坡容易发生的整体不稳定地段；地基岩、土性质严重不良地段；对建筑抗震不利地段；水文地质条件严重不良或有洪水威胁地段；地下有未开采的有价值的矿藏或不稳定的地下采空区；等等。

过去有些建筑物，对拟建场地稳定性及适宜性认识不足，致使在建设或使用过程中带来一些问题，有的迫使搬迁，出现不必要的经济损失。

（二）初步勘察阶段岩土工程的基本技术要求

1.稳定性评价的技术要求

（1）收集拟建工程的文件、工程地质和岩土工程资料以及工程场地范围的地形图；

（2）初步查明地质构造、地层结构、岩土工程特性、地下水埋藏条件；

（3）查明场地不良地质作用的产生成因、分布、规模、发展趋势，并对场地的稳定性做出说明；

（4）对抗震设防烈度等于或大于6度的场地，要对场地和地基的地震效应做出初步的分析和评价；

（5）初步判定水和土对建筑材料的腐蚀性；

（6）高层建筑初步勘察时，要对采取的地基基础类型、基坑开挖与支护、工程降水方案进行初步的分析和评价。

2.勘探工作的技术要求

（1）勘探线要垂直地貌单元、地质构造和地层界线布置；

（2）每个地貌单元均应布置勘探点，一些勘探点还要加密；

（3）在地形平坦地区，要按网格布置勘探点；

（4）对岩质地基、勘探线和勘探点的布置、勘探孔的深度，要按地质构造、岩体风化情况等地方标准或当地经验确定。

勘探线的布置要垂直于地貌单元边界线、地质构造线、地层界线。勘探点的布置要在每个主要地貌单元和其交接部位，以求最小的勘探工作量，获得最多的地质信息。

（三）详细勘察阶段岩土工程的基本技术要求

经过选址及初步勘察两个阶段，不仅场地的稳定性及适宜问题已解决，为满足工程建设初步设计需要的岩土工程资料已基本查明，所以，在详细勘察阶段要根据不同的建（构）筑物或建筑群提出详细的岩土工程资料和设计所需的岩土技术参数，对地基做出岩土工程分析、评价，为基础设计、地基处理、地质现象的防治等具体方案做出论证、提出解决对策。如对一级及部分二级建筑物进行沉降变形估算及评价，对基坑开挖、降水等对邻近建筑物的影响进行论证和评价，为选择基础类型，如桩基类型、桩长、桩距、单桩承载能力、计算群桩的沉降变形量，以及施工方法的选定，提供岩土工程参数，等等。

1.工作内容的基本技术要求

（1）收集附有坐标和地形的建筑总平面图，场区的地面整平标高，建筑物的性质、规模、荷载、结构特点、基础形式、埋置深度等资料；

（2）查明不良地质作用的类型、成因、分布和危害程度，提出整治方案；

（3）查明建筑范围内岩土层的类型、深度、分布、均匀性和承载力；

（4）对须进行沉降计算的建筑物，提供地基变形计算参数，预测建筑物的变形特征；

（5）查明地下水的埋藏条件，提供地下水位及其变化幅度；

（6）判定水和土对建筑材料的腐蚀性。

2.勘探点布置的技术要求

详细勘察阶段的工作手段主要是钻探，有时辅以地球物理勘探。勘探点的布置要按下列要求进行：

（1）勘探点要按建筑物周边线和角点布置，对无特殊要求的其他建筑物要按建筑物或建筑群的范围布置。

（2）同一建筑范围内的主要受力层，应加密勘探点，分析和评价地基的稳定性。

（3）重大设备基础要单独布置勘探点。

（4）勘探手段要采用钻探与触探相配合。

3.勘探点间距及深度的技术要求

（1）勘探孔的深度要能控制地基的主要受力层，在基础底面宽度小于5 m时，勘探孔的深度对条形基础要大于基础底面宽度的3倍，对单独柱基要大于1.5倍，并大于5 m。

（2）对高层建筑和须做变形计算的地基，控制性勘探孔的深度应超过地基变形计算深度；高层建筑的一般性勘探孔要达到基底0.5 ~ 1.0倍的基础宽度并深入稳定分布的地层。

（3）在有大面积地面堆载或有软弱下卧层时，要适当加深勘探孔的深度。

（4）在规定深度内如果遇基岩或厚层碎石上等稳定地层时，勘探孔的深度要按具体情况进行调整。

钻孔深度适当与否，会影响勘察质量、费用和周期。对天然地基，控制性钻孔的深度，要满足以下几个方面：

（1）等于或略深于地基变形计算的深度，满足变形计算的要求；

（2）满足地基承载力和软弱下卧层验算的要求；

（3）满足支护体系和工程降水设计的要求；

（4）满足某些不良地质作用追索的要求。

（四）施工阶段岩土工程勘察的基本技术要求

按照工程的实际需要，遇到以下情况之一时，要配合设计、施工单位进行岩土工程勘察工作：

（1）基槽开挖后发现岩土条件与原勘察资料不符时。

（2）对安全等级为一、二级的建筑物，进行施工验槽。

（3）在地基处理或深基础施工中，进行岩土工程检验与监测。

（4）地基中岩溶、土洞较发育，要查明情况并提出处理措施；施工中发生边坡失稳迹象，要查明原因并进行监测和提出解决措施。

在施工阶段的岩土工程工作主要有：

（1）因其人为降低地下水位而增加土的有效应力，而容易发生邻近建（构）筑物的沉降，桩基产生负摩阻力，使降落漏斗周边上体向中心滑移等，沉降观测、测定孔隙水压力是内容之一。

（2）深基坑开挖，边坡稳定性的监测、处理，或由于坑内基底卸荷回弹、隆起、侧向位移等进行观测，及时修正、补充岩土工程施工计划及工艺。

（3）为确保地基处理与加固获得预期效果，监测施工质量，发现问题要及时予以解决。

第二节 不同工程场地的岩土工程勘察

一、房屋建筑与构筑物

（一）主要工作内容

房屋建筑和构筑物[以下简称建（构）筑物]的岩土工程勘察，应有明确的针对性，因此应在收集建（构）筑物上部荷载、功能特点、结构类型、基础形式、埋置深度和变形限制等方面资料的基础上进行，以便提出岩土工程设计参数和地基基础设计方案。不同勘察阶段对建筑结构的了解深度是不同的。建（构）筑物的岩土工程勘察的主要工作内容应符合下列规定：

1. 查明场地和地基的稳定性，地层结构、持力层和下卧层的工程特性，土的应力历史和地下水条件，以及不良地质作用，等等。

2. 提供满足设计、施工所需的岩土参数，确定地基承载力，预测地基变形性状。

3. 提出地基基础、基坑支护、工程降水和地基处理设计与施工方案的建议。

4. 提出对建（构）筑物有影响的不良地质作用的防治方案的建议。

5. 对于抗震设防烈度等于或大于6度的场地，进行场地与地基的地震效应评价。

（二）勘察阶段的划分

根据我国工程建设的实际情况和数十年勘察工作的经验，勘察工作宜分阶段进行。勘察是一种探索性很强的工作，是一个从不知到知、从知之不多到知之较多的过程，对自然的认识总是由粗到细，由浅而深，不可能一步到位。况且，各设计阶段对勘察成果也有不同的要求，因此，必须坚持分阶段勘察的原则，勘察阶段的划分应与设计阶段相适应。可行性研究勘察应符合选择场址方案的要求，初步勘察应符合初步设计的要求，详细勘察应符合施工图设计的要求，场地条件复杂或有特殊要求的工程，宜进行施工勘察。

但是，也应注意到，各行业设计阶段的划分不完全一致，工程的规模和要求各不相同，场地和地基的复杂程度差别很大，要求每个工程都分阶段勘察是不实际也是不必要的。勘察单位应根据任务要求进行相应阶段的勘察工作。

场地较小且无特殊要求的工程可合并勘察阶段。在城市和工业区，一般已经积累了大量工程勘察资料。当建（构）筑物平面布置已经确定且场地或其附近已有岩土工程资料时，可根据实际情况，直接进行详细勘察。但对于高层建筑的地基基础，基坑的开挖与支护、工程降水等问题有时相当复杂，如果这些问题都留到详勘时解决，往往会因时间仓促而解决不好，故要求对在短时间内不易查明并要求做出明确的评价的复杂岩土工程问题，仍宜分阶段进行。

岩土工程既然要服务于工程建设的全过程，当然应当根据任务要求，承担后期的服务工作，协助解决施工和使用过程中遇到的岩土工程问题。

二、地下硐室

人工开挖或天然存在于岩土体内作为各种用途的构筑物统称为地下硐室，也称为地下建筑或地下工程。地下硐室（地下工程）在铁路、公路、矿冶、国防、城市地铁、城市建设等领域，铁路和公路的隧道，矿山开采的地下巷道，国防建设中的地下仓库，掩体和指挥中心，城市的地下铁道，地下商场，地下体育馆，地下游泳池，等等，都有广泛的应用，而且应用的范围和规模都在不断扩大。

地下硐室的开挖，破坏了原始岩土体的初始平衡应力条件，导致岩土体内应力的重新分布。一方面，当围岩性质较差时，往往会发生不同程度的变形与破坏，严重的还可能危及地下工程的安全和使用。变形与破坏的围岩作用于支撑上的压力称为围岩压力。衬砌产生变形并把压力传递给围岩，这时围岩将产生一个反力，称为围岩抗力。围岩应力、围岩压力、围岩变形与破坏及围岩抗力是地下硐室主要的岩土工程问题。另一方面，即使地下硐室本身是稳定的，围岩的变形也可能对周围的环境造成不利影响，如地面沉陷造成附近建筑物的倾斜、开裂等，两者的影响是相互的。

除此之外，在某些特殊地质条件下开挖地下硐室时，还存在诸如坑道涌水、有害气体及地温等工程问题。

因此，在设计前，进行详细的岩土工程勘察，提供设计所需的地质资料，掌握地下硐室所在岩体、土体的地质情况和稳定程度及周围的环境情况，有十分重要的意义。

（一）地下硐室勘察要点

地下硐室的勘察随勘察的阶段不同而开展不同的工作。

1.可行性研究勘察

应通过收集区域地质资料、现场踏勘和调查，了解拟选方案的地形地貌、地层岩性、地质构造、工程地质、水文地质和环境条件，做出可行性评价，选择合适的硐址和硐口。

2.初步勘察

（1）勘察方法和要求

应采用工程地质测绘、勘探和测试等方法，初步查明选定方案的地质条件和环境条件，初步确定岩体质量等级（围岩类别），对硐址和硐口的稳定性做出评价，为初步设计提供依据。

（2）工程地质测绘要求

初步勘察工程地质测绘要求包括：地貌形态或地貌成因；地层岩性、产状、厚度、风化程度；断裂和主要裂隙的性质、产状、充填、胶结、贯通及组合关系；不良地质作用的类型、规模和分布；地震地质背景；地应力的最大主应力作用方向；地下水类型、埋藏条件、补给、排泄和动态变化；地表水体的分布及其与地下水的关系，淤积物的特征；硐室穿越地面建筑物、地下构筑物、管道等既有工程时的相互影响。

（3）初步勘察勘探与测试要求

初步勘察勘探与测试的要求包括：

①采用浅层地震剖面法或其他有效方法圈定稳伏断裂，构造破碎带，查明基岩埋深、划分风化带。

②勘探点宜沿硐室外侧交叉布置，勘探点间距宜为100～200 m，采取试样和原位测试勘探孔不宜少于勘探孔总数的2/3。

③控制性勘探孔深度，对岩体基本质量等级为Ⅰ级和Ⅱ级的岩体宜钻入硐底设计标高下1～3 m；对Ⅲ级岩体宜钻入硐底设计标高下3～5 m；对Ⅳ级、Ⅴ级的岩体和土层，勘探孔深度应根据实际情况确定。

④每一主要岩层和土层均应采取试样，当有地下水时应采取水试样。

⑤当硐区存在有害气体或地温异常时，应进行有害气体成分、含量或地温测定；对高地应力地区，应进行地应力量测。

⑥必要时，可进行钻孔弹性波或声波测试，钻孔地震CT或钻孔电磁波CT测试。

3.详细勘察

（1）勘察方法和要求

应采用钻探、钻孔物探和测试为主的勘察方法，必要时可结合施工导硐布置硐探，详细查明硐址、硐口、硐室穿越线路的工程地质和水文地质条件，分段划分岩体质量等级（围岩类别），评价硐体和围岩的稳定性，为设计支护结构和确定施工方案提供资料。

（2）详细勘察工作要求

查明地层岩性及其分布，划分岩组和风化程度，进行岩石物理力学性质试验；查明断裂构造和破碎带的位置、规模、产状和力学属性，划分岩体结构类型；查明不良地质作用的类型、性质、分布，并提出防治措施；查明主要含水层的分布、厚度、埋深，地下水的类型、水位、补给排泄条件，预测开挖期间的出水状态、涌水量和水质的腐蚀性；城市地下硐室须降水施工时，应分段提出工程降水方案和有关参数；查明硐室所在位置及邻近地段的地面建筑和地下构筑物、管线状况，预测硐室开挖可能产生的影响，提出防护措施。

（3）勘探与测试工作要求

勘探点宜在硐室中线外侧6～8 m交叉布置，山区地下硐室按地质构造布置，且勘探点间距不应大于50 m；城市地下硐室的勘探点间距，岩土变化复杂的场地宜小于25 m，中等复杂的宜为25～40 m，简单的宜为40～80 m。

采集试样和原位测试勘探孔数量不应少于勘探孔总数的1/2。

第四系中的控制性勘探孔深度应根据工程地质、水文地质条件、硐室埋深、防护设计等需要确定。一般性勘探孔可钻至基底设计标高下6～10 m。控制性勘探孔深度应符合初步勘察的规定；详细勘察的室内试验和原位测试，除应满足初步勘察的要求外，对城市地下硐室尚应根据设计要求进行下列试验：①采用承压板边长为30 cm的载荷试验测求地基基床系数；②采用面热源法或热线比较法进行热物理指标试验，计算热物理参数、导温系数、导热系数和比热容；③当须提供动力参数时，可用压缩波波速t和剪切波波速v计算求得，必要时，可采用室内动力性质试验，提供动力参数。

4.施工勘察

施工勘察应配合导硐或毛硐开挖进行，当发现与勘察资料有较大出入时，应提出修改设计和施工方案的建议。

（二）岩土工程勘察报告

详细勘察阶段地下硐室岩土工程勘察报告，除按常规勘察要求执行外，尚应包括以下内容：

（1）划分围岩类别。

（2）提出硐口、硐址、硐轴线位置的建议。

（3）对硐口、硐体的稳定性进行评价。

（4）提出支护方案和施工方法的建议。

（5）对地面变形和既有建筑的影响进行评价。

三、桩基工程

桩基础又称桩基，它是一种常用而古老的深基础形式。桩基础可以将上部结构的荷载相对集中地传递到深处合适的坚硬地层中去，以保证上部结构对地基稳定性和沉降量的要求。由于桩基础具有承载力高、稳定性好、沉降稳定快和沉降变形小、抗震能力强及能够适应各种复杂地质条件等特点，在工程中得到广泛应用。

桩基按照承载性状可分为摩擦型桩（摩擦桩和端承摩擦桩）和端承型桩（端承桩和摩擦端承桩）两类；按成桩方法可分为非挤土桩、部分挤土桩和挤土桩三类；按桩径大小可分为小直径桩（d≤250mm）、中等直径桩（250＜d＜800 mm）和大直径桩（d≥800 mm）。

（一）主要工作内容

1.查明场地各层岩土的类型、深度、分布、工程特性和变化规律。

2.当采用基岩作为桩的持力层时，应查明基岩的岩性、构造、岩面变化、风化程度，包括产状、断裂、裂隙发育程度以及破碎带宽度和充填物等，除通过钻探、井探手段外，还可根据具体情况辅以地表露头的调查测绘和物探等方法，确定其坚硬程度、完整程度和基本质量等级，这在选择基岩为桩基持力层时是非常必要的；判定有无洞穴、临空面、破碎岩体或软弱岩层，这对桩的稳定是非常重要的。

3.查明水文地质条件，评价地下水对桩基设计和施工的影响，判定水质对建筑材料的腐蚀性。

4.查明不良地质作用，可液化土层和特殊性岩土的分布及其对桩基的危害程度，并提出防治措施的建议。

5.对桩基类型、适宜性、持力层选择提出建议；提供可选的桩基类型和桩端持力层；提出桩长、桩径方案的建议；提供桩的极限侧阻力、极限端阻力和变形计算的有关参数；对成桩可行性、施工时对环境的影响及桩基的施工条件、应注意的问题等进行论证评价并提出建议。

桩的施工对周围环境的影响，包括打入预制桩和挤土成孔的灌注桩的振动，挤土对周围既有建筑物、道路、地下管线设施和附近精密仪器设备基础等带来的危害以及噪声等公害。

（二）勘探点的布置要求

1.端承型桩

①勘探点应按柱列线布设，其间距应能控制桩端持力层层面和厚度的变化，宜为12～24 m。

②在勘探过程中发现基岩中有断层破碎带，或桩端持力层为软、硬互层，或相邻勘探点所揭露桩端持力层层面坡度超过10%，且单向倾伏时，钻孔应适当加密。

③荷载较大或复杂地基的一柱一桩工程，应每柱设置勘探点；复杂地基是指端承型桩端持力层岩土种类多、很不均匀、性质变化大的地基，且一柱一桩，往往采用大口径桩，荷载很大，一旦出现差错或事故，将影响大局，难以弥补和处理，结构设计上要求更严。实际工程中，每个桩位都须有可靠的地质资料，故规定按柱位布孔。

④岩溶发育场地，溶沟、溶槽、溶洞很发育，显然属复杂场地，此时若以基岩作为桩端持力层，应按柱位布孔。但单纯钻探工作往往还难以查明其发育程度和发育规律，故应辅以有效的地球物理勘探方法。近年来，地球物理勘探技术发展很快，有效的方法有电

法、地震法（浅层折射法或浅层反射法）及钻孔电磁波透视法等。查明溶洞和土洞范围及连通性。查明拟建场地范围及有影响地段的各种岩溶洞隙和土洞的发育程度、位置、规模、埋深、连通性、岩溶堆填物性状和地下水特征。连通性系指土洞与溶洞的连通性、溶洞本身的连通性和岩溶水的连通性。

⑤控制性勘探点不应少于勘探点总数的1/3。

2.摩擦型桩

①勘探点应按建筑物周边或柱列线布设，其间距宜为20～35 m。当相邻勘探点揭露的主要桩端持力层或软弱下卧层层位变化较大，影响到桩基方案选择时，应适当加密勘探点。带有裙房或外扩地下室的高层建筑，布设勘探点时应与主楼一同考虑。

②桩基工程勘探点数量应视工程规模而定，勘察等级为甲级的单幢高层建筑勘探点数量不宜少于5个，乙级不宜少于4个，对于宽度大于35 m的高层建筑，其中心应布置勘探点。

③控制性的勘探点应占勘探点总数的1/3～1/2。

（三）桩基岩土工程勘察勘探方法要求

对于桩基勘察不能采用单一的钻探取样手段，桩基设计和施工所需的某些参数单靠钻探取土是无法取得的，而原位测试有其独特之处。我国幅员广阔，各地区地质条件不同，难以统一规定原位测试手段。因此，应根据地区经验和地质条件选择合适的原位测试手段与钻探配合进行，对软土、黏性土、粉土和砂土的测试手段，宜采用静力触探和标准贯入试验；对碎石土宜采用重型或超重型圆锥动力触探。如上海等软土地基条件下，静力触探已成为桩基勘察中必不可少的测试手段，砂土采用标准贯入试验也颇为有效，而成都、北京等地区的卵石层地基中，重型和超重型圆锥动力触探为选择持力层起到了很好的作用。

四、岸边工程

岸边工程为在水陆交界处和近岸浅水中兴建的水工建筑物，包括港口工程、造船和修船水下建筑物及取水建筑物等。

岸边工程的勘察是指港口工程、造船和修船水工建筑物及取水构筑物的岩土工程勘察。岸边工程的勘察阶段，大、中型工程分为可行性研究、初步设计和施工图设计三个勘察阶段；对小型工程、地质条件简单和有成熟经验的工程可简化合并勘察阶段。

（一）岸边工程的勘察内容

（1）地貌特征和地貌单元交界处的复杂地层。岸边工程处于水陆交互地带，往往一个工程跨越几个地貌单元，因此应查明地貌特征和地貌交界处的复杂地层。

（2）高灵敏软土、层状构造土、混合土等特殊土和基本质量等级为Ⅴ级岩体的分布和工程特性。岸边地区地层复杂，层位不稳定，常分布有软土、混合土、层状构造土，因此，应查明这些特殊土的分布和工程特性。

（3）岸边滑坡、崩塌、冲刷、淤积、潜蚀、沙丘等不良地质作用。岸边地区往往由于地表水的冲淤和地下水动力的影响，不良地质作用现象发育，多滑坡、坍岸、潜蚀、管涌等现象，因此，应查明不良地质现象发育及分布状况。

岸边工程勘察任务就是要重点查明和评价这些问题，应着重评价岸坡土地基的稳定性，以及各种不良地质作用的成因、分布、发展趋势及其对场地稳定性的影响，并提出治理措施的建议。

（二）各勘察阶段的内容

1.可行性研究勘察

工程地质测绘和调查是该阶段采用的主要勘察方法。测绘和调查内容包括地层分布、构造特点、地貌特征、岸坡形态、冲刷淤积、水位升降、岸滩变迁、淹没范围等情况和发展趋势。必要时应布置一定数量的勘探工作，并应对岸坡的稳定性和场址适宜性做出评价，提出最优场址方案的建议。

2.初步设计阶段勘察

初步设计勘察应满足合理确定总平面布置、结构形式、基础类型和施工方法的需要，对不良地质现象的防治提出方案和建议。

（1）工程地质测绘

①调查岸线变迁和动力地质作用对岸线变迁的影响。

②调查埋藏河、湖、沟谷的分布及其对工程的影响。

③调查潜蚀、沙丘等不良地质作用的成因、分布、发展趋势及其对场地稳定性的影响。

（2）勘探工作

①勘探线宜垂直岸向布置，勘探线和勘探点的间距应根据工程要求、地貌特征、岩土分布、不良地质作用等确定，岸坡地段和岩石土层组合地段宜适当加密。

②勘探孔的深度宜根据工程规模、设计要求和岩土条件确定。

③水域地段可采用浅层地震剖面或其他勘探方法。

④进一步评价场地的稳定性，并对总平面布置、结构和基础形式、施工方法和不良地质作用的防治提出建议。

3.施工图设计阶段勘察

施工图设计阶段勘察，应查明地基土的性质，评价其稳定性。勘察工作应符合下列要求：

（1）施工图设计阶段的勘察工作

勘探线和勘探点应符合地貌特征和地质条件，根据工程总平面布置确定，复杂地基地段应予以加密。勘探孔的深度应根据工程规模、设计要求和岩土条件确定，除建筑物和结构物特点与荷载外，应考虑岸坡稳定性、坡体开挖及支护结构、桩基等的分析计算需要。

（2）试验工作

室内试验应根据工程类别，地基设计需要确定。测定土的抗剪强度选用剪切试验方法时，应考虑的因素包括：①非饱和土在施工期间和竣工以后受水浸成为饱和土的可能性；②土的固结状态在施工和竣工后的变化；③挖方卸荷或填方增荷对土性的影响。

软土的原位试验可采用静力触探或静力触探与旁压试验相结合，进行分层，测试土的模量、强度和地基承载力；用十字板剪切试验，测定土的不排水强度；采用载荷试验提供地基土基床系数；采用模型试验确定重力式码头等抗滑稳定性基底摩擦系数。

（3）评价岸坡和地基稳定性

评价岸坡和地基稳定性时，应考虑的因素包括：①正确选用设计水位；②出现较大水头差和水位骤降的可能性；③施工时的临时超载；④较陡的挖方边坡；⑤波浪作用；⑥打桩影响；⑦不良地质作用的影响。

各勘察阶段勘探线和勘探点的间距，勘探孔的深度，原位试验和室内试验的数量等级的具体要求，应符合现行有关标准的规定。

岸边工程岩土工程勘察报告除应遵守岩土工程勘察报告的一般规定外，尚应根据相应勘察阶段的要求，包含下列内容：①分析评价岸坡稳定性和地基稳定性；②提出地基基础与支护设计方案的建议；③提出防治不良地质作用的建议；④提出岸边工程监测的建议。

五、道路工程

道路是陆地交通运输的干线，由公路和铁路共同组成运输网络。公路和铁路在结构上虽各有特点但两者都有许多相同之处。道路工程的特点是：①它们都是线形工程，往往要通过许多地质条件复杂的地区和不同的地貌单元，使道路的结构复杂化。②在山区线路中，塌方、滑坡、泥石流等不良地质现象是道路工程的主要威胁，地形条件是制约线路的纵向坡度和曲率半径的重要因素。③两种线路的结构都是由三类建筑物所组成。第一类为路基工程，是线路的主体建筑物；第二类为桥隧工程，它们是为了线路跨越河流、深谷、不良的地质和水文地质地段，穿越高山或河流的构筑物；第三类是防护建筑物（如明洞、挡土墙、护坡等）。道路交通工程主要的岩土工程问题是：路基边坡稳定性问题、路基基底稳定性问题、道路冻害问题及天然建筑材料问题等。

道路工程勘察前应广泛收集有关工程地质勘察报告、航片、卫片，熟悉所调查地区的有关地质资料（区域地质、工程地质、水文地质、室内试验等成果），并予以充分利用。不同的勘察阶段其要求如下：

1.可行性研究阶段：对所收集的地质资料和有关路线控制点、走向和大型结构物进行初步研究，并到现场实地核对验证，适当利用简易勘探方法和物探，必要时可布置钻探，以了解沿线的地质情况，为优选路线方案提供地质依据。

2.初步工程地质勘察阶段：应配合路线、桥梁、隧洞、路基、路面和其他结构物的设计方案及其比较方案的制订，提供工程地质资料，以供技术经济的论证，达到满足方案的优选和初步设计的需要，对不良地质和特殊性岩土地段，应做出初步分析及评价，还应提出处理办法，为满足编制初步设计文件提供必需的工程地质资料。

3.详细工程地质勘察阶段：应在批准的初步设计方案的基础上，进行详细的工程地质勘察，以保证施工图设计的需要，对不良地质和特殊性岩土地段，应做出详细分析、评价和具体的处理方案，为满足编制施工图设计提供完整的地质资料。

4.对工程地质条件复杂、工程规模大，且缺乏经验的建筑项目，应根据初步设计审批意见，在技术设计阶段或施工阶段，根据需要安排有针对性的工程地质勘察工作。

道路工程地质勘察评价，应对路线走廊、桥位、隧址等工程地质条件做出评价，并结合全线工程地质特征做出总体评价，其评价的主要内容有稳定性、经济性、适宜性等，同时还应注意对道路环境保护和文物保护的评价。

定性评价是首要的、基本的，对下述问题可做出定性评价：

1.工程选定位置及场地对修建道路工程及其结构物的适宜性；

2.场地地质条件的稳定性；

3.沿线筑路材料的适宜性；

4.对环境产生负面影响及其保证环境质量在路线、桥梁、隧道等工程方面的措施。

对下述问题宜做出定性或定量评价：

1.岩土体的变形性状及其极限值；

2.岩土体的强度及其稳定性与极限值，包括斜坡及地基的稳定性；

3.岩土体及水体与道路工程的共同作用；

4.岩土体后期变化的预估，对工程耐久性的影响；

5.其他各临界状态的判定。

第三节　岩土工程中的地下水勘察

任何类型的水文地质勘察和研究工作，在定性或定量评价水文地质条件时，都需要地下水动态和均衡方面的资料，因此，其都应进行地下水动态和均衡的监测。地下水动态和均衡要素监测工作的持续时间有长有短。如果为区域或专门性水文地质勘察提供地下水动态和均衡资料的监测工作，则可仅在某一段时间内进行，一般只要求1~2年；如果为国民经济建设长远规划和综合目的（包括地下水资源管理及保护）而进行的监测工作，则是长期性的。

随着地下水资源的大规模开发利用，与地下水有关的环境地质问题也越来越多。因此，地下水动态和均衡的监测意义日益重要。其监测项目主要包括地下水位、水量、水质、水温，以及环境地质项目等。[①]

一、地下水分类

地下水按其赋存的空隙类型可分为孔隙水、裂隙水和岩溶水三大类。

典型松散沉积物的孔隙水的分布和运动都是比较均匀的，且是各向同性的。同一孔隙含水层中的地下水通常具有统一的水力联系和水位。孔隙水的运动一般比较缓慢，运动状态多为层流。

裂隙水的分布和运动具有不均匀性。裂隙水赋存于岩体中有限体积的裂隙中，由于裂隙连通性较差，其分布常是不连续和不均匀的。裂隙岩层一般不会构成具有统一水力联系、流场、水量均匀分布的含水层。裂隙水的运动也不同于孔隙水的运动，表现在：①裂隙水沿裂隙延伸方向运动，具有显著的方向性；②裂隙水一般不能形成连续的渗流场；③裂隙特别是宽大裂隙中水的运动速度较快，不同于多孔介质中的渗流。

典型的岩溶介质通常是由溶孔（孔隙）、溶蚀裂隙、溶洞（管道）组成的三重空隙介质系统，溶孔、裂隙和岩溶管道对岩溶水赋存和运动起着不同的作用。广泛分布的细小孔隙和溶蚀裂隙，导水性差而总空间大，是岩溶水赋存的主要空间。宽大的岩溶管道和裂隙具有很强的导水性，是岩溶水运动的主要通道。规模介于两者之间的溶蚀裂隙则兼具储水和导水的作用。大小形状不同的溶蚀性空隙彼此相互连通，使得岩溶水在宏观上具有统一的水力联系，而在微观上水力联系较差。岩溶水的运动也远比孔隙水和裂隙水复杂。在大型岩溶管道中，水流速度很大，有时可达每秒几米到几十米，水流常呈紊流状态。细小溶孔，溶隙中的岩溶水一般呈层流运动。地壳浅部的地下水按埋藏条件可分为上层滞水、潜水和承压水三种类型。

1.上层滞水

分布在包气带中局部隔水层或弱透水层之上具有自由水面的重力水。其分布范围和水量有限，来源于大气降水和地表水的入渗补给，只有在获得大量降水入渗补给后，才能积聚一定水量，仅在缺水地区有一定供水意义。

① 赵斌，张鹏君，孙超.岩土工程施工与质量控制[M].北京：北京工业大学出版社，2019.

2.潜水

地表以下第一个稳定隔水层（或渗透性极弱的岩土层）之上具有自由水面的地下水。潜水没有隔水顶板，与包气带连通，具有自由水面（潜水面）。从潜水面到隔水底板的距离为潜水含水层厚度，潜水面到地面的距离为潜水埋藏深度。

潜水接受大气降水或地表水入渗补给，在重力作用下由水位高的地方向水位低的地方径流，以蒸发、泉或泄流等形式向地表或地表水体排泄。水位受气象、水文因素的影响与控制，丰水期或丰水年获得充足的补给后，水位上升；枯水期或枯水年，补给减少，水位下降。潜水埋藏深度较浅，当其以蒸发为主要排泄方式时，易成为含盐量高的咸水。另外，潜水容易受到地表各种污染物的污染。

3.承压水

充满在两个隔水层之间的含水层中具有承压性质的地下水。承压含水层上部的隔水层称为隔水顶板，下部的隔水层称为隔水底板，隔水顶底板之间的距离为承压含水层厚度。

承压水的水位（标高）高于隔水顶板（标高），含水层顶板承受大气压以外的静水压力作用。承压含水层水位至含水层顶面间的距离称为承压高度。当承压含水层的水位高于地面标高时，如有钻孔揭穿隔水顶板，承压水便可自流或自喷，形成自流井。

承压水主要来源于大气降水和地表水的入渗，在水头差作用下由水头高的地方向水头低的地方径流，这一点与潜水基本相同。与潜水不同的是，如果承压含水层顶底板隔水性较好，承压水不以蒸发形式向外排泄，承压含水层的补给区、径流区、排泄区常常在位置不同的区域。承压含水层出露于地表或与其他含水层相接触的地方为补给区，接受降水、地表水或地下水的补给，经过一定距离的径流，在其他区域以泉或人工开采等形式排泄。当承压含水层顶底板为弱透水层时，可与其上下相邻的其他含水层中的地下水发生越流。

处在封闭状态、水循环微弱的承压水水质较差，而处在开放状态、水循环比较强烈的承压水水质较好。

二、地下水勘察的重要性和必要性

随着城市建设的高速发展，特别是高层建筑的大量兴建，地下水的赋存和渗流形态对基础工程的影响越来越突出。主要表现在以下方面：

近年来，高层、超高层建筑物越来越多，建筑物的结构与体型也向复杂化和多样化方向发展。与此同时，地下空间的利用普遍受到重视，大部分"广场式建筑（plaza）"的建筑平面内部包含纯地下室部分，北京、上海等城市还修建了地下广场。高层建筑物的基础一般埋深较大，多数超过10 m，甚至超过20 m。在抗浮设计和地下室外墙承载力验算中，正确确定抗浮设防水位成为牵涉巨额造价以及施工难度和周期的十分关键的问题。

高层建筑的基础除埋置较深外，其主体结构部分多采用箱基或筏基，基础宽度很大，加上基底压力较大，基础的影响深度可数倍甚至数十倍于一般多层建筑。在基础影响深度范围内，有时可能遇到两层或两层以上的地下水，且不同层位的地下水之间，水力联系和渗流形态往往各不相同，造成人们难以准确掌握建筑场地孔隙水压力场的分布。由于孔隙水压力在土力学和工程分析中的重要作用，如果对孔隙水压力考虑不周，将影响建筑沉降分析、承载力验算、建筑整体稳定性验算等一系列工程评价问题。

高层建筑物基础深，需要开挖较深的基坑。在基坑施工及支护工程中如果遇到地下水，可能会出现涌水、冒砂、流沙和管涌等问题，不仅不利于施工，还可能造成严重的工程事故。

工程经验表明，在大规模的工程建设中，对地下水的勘察评价将对工程的安全和造价产生极大的影响。

三、地下水勘察的基本要求

岩土工程对地下水的勘察应根据工程需要，通过收集资料和勘察工作，查明以下水文地质条件：

1.地下水的类型和赋存状态，主要含水层的分布规律。

2.区域性气象资料，如年降水量、蒸发量及其变化和对地下水位的影响。

3.地下水的补给、径流和排泄条件，地表水与地下水的补排关系及其对地下水位的影响。

4.除测量地下水水位外，还应调查历史最高水位，近3～5年最高地下水位。查明影响地下水位动态的主要因素，并预测未来地下水的变化趋势。

5.查明地下水或地表水的污染源，评价污染程度。

6.对缺乏常年地下水位监测资料的地区，在高层建筑或重大工程的初步勘察时，宜设置长期观测孔，对地下水位进行长期观测。

地下水的赋存状态是随时间变化的，不仅有年变化规律，也有长期的动态规律。一般情况下，详细勘察阶段时间紧迫，只能了解勘察时刻的地下水状态，有时甚至没有足够的时间进行规定的现场试验。因此，除要求加强对长期动态规律的收集资料和分析工作外，在初勘阶段宜预设长期观测孔和进行专门的水文地质勘察工作。

四、专门水文地质勘察要求

对高层建筑或重大工程，当水文地质条件对地基评价、基础抗浮和工程降水有重大影响时，宜进行专门的水文地质勘察。主要任务是：

1.查明含水层和隔水层的埋藏条件、地下水类型、流向、水位及其变化幅度；当场地范围内分布有多层对工程有影响的地下水时，应分层量测地下水位，并查明不同含水层之间的相互补给关系。

2.查明场地地质条件对地下水赋存和渗流状态的影响，必要时应设置观测孔或在不同深度埋设孔隙水压力计，量测水头随深度的变化。

地下水对基础工程的影响，实质上是水压力或孔隙水压力场的分布状态对工程结构影响的问题，而不仅仅是水位问题；了解在基础受力层范围内孔隙水压力场的分布，特别是在黏性土层中的分布，在高层建筑勘察与评价中是至关重要的。因此，宜查明各层地下水的补给关系、渗流状态以及量测水头压力随深度变化，有条件时宜进行渗流分析，量化评价地下水的影响。

3.通过现场试验，测定含水层渗透系数等水文地质参数。

渗透系数等水文地质参数的测定，有现场试验和室内试验两种方法。一般室内试验误差较大，现场试验比较切合实际，因此，一般宜通过现场试验测定。当需要了解某些弱透水性地层的参数时，也可采用室内试验方法。

五、取样和分析要求

工程场地的水（包括地下水或地表水）和岩土中的化学成分对建筑材料（钢筋和混凝土）可能有腐蚀作用，因此，岩土工程勘察时要采取土样和水样，分析其化学成分，评价水或土对建筑材料是否具有腐蚀性。水土样的采取应该符合下列规定：

1.所取水试样应能代表天然条件下的水质情况。地下水样的采取应注意：

（1）水样瓶要洗净，取样前用待取样水反复冲洗水样瓶三次；

（2）采取水样体积简分析时为100 mL；侵蚀性CO_2分析时为500 mL，并加2～3 g大理石粉；全分析时取3000 mL；

（3）采取水样时应将水样瓶沉入水中预定深度缓慢将水注入瓶中，严防杂物混入，水面与瓶塞间要留1 cm左右的空隙；

（4）水样采取后要立即封好瓶口，贴好水样标签，及时送到化验室；

（5）水样应及时化验分析，清洁水放置时间不宜超过72 h，稍受污染的水不宜超过48 h，受污染的水不宜超过12 h。

2.混凝土和钢结构处于地下水位以下时，分别采取地下水样和地下水位以上土样做腐蚀性试验；处于地下水位以上时，应采取土样做土的腐蚀性试验；处于地表水中时，应采取地表水样做水的腐蚀性试验。

3.每个场地水和土样的数量至少各2件，建筑群场地至少各3件。

六、地下水作用的评价

（一）地下水力学作用的评价

地下水力学作用的评价应包括下列内容：

（1）对基础、地下结构物和挡土墙，应考虑在最不利组合情况下，地下水对结构物的上浮作用，原则上应按设计水位计算浮力；对节理不发育的岩石和黏土且有地方经验或实测数据时，可根据经验确定；有渗流时，地下水的水头和作用宜通过渗流计算进行分析评价。

（2）验算边坡稳定时，应考虑地下水及其动水压力对边坡稳定的不利影响。

（3）在地下水位下降的影响范围内，应考虑地面沉降及其对工程的影响；当地下水位回升时，应考虑可能引起的回弹和附加的浮托力。

（4）当墙背填土为粉砂、粉土或黏性土，验算支挡结构物的稳定时，应根据不同排水条件评价静水压力、动水压力对支挡结构物的作用。

（5）在有水头压差的粉细砂、粉土地层中，应评价产生潜蚀、流砂、涌土、管涌的可能性。

（6）在地下水位下开挖基坑或地下工程时，应根据岩土的渗透性、地下水补给条件，分析评价降水或隔水措施的可行性及其对基坑稳定和邻近工程的影响。

（二）地下水的物理、化学作用的评价

地下水的物理、化学作用的评价应包括下列内容：

（1）对地下水位以下的工程结构，应评价地下水对混凝土、金属材料的腐蚀性，评价方法应按规范执行；

（2）对软质岩石、强风化岩石、残积土、湿陷性土、膨胀岩土和盐渍岩土，应评价地下水的聚集和散失所产生的软化、崩解、湿陷、胀缩和潜蚀等有害作用；

（3）在冻土地区，应评价地下水对土的冻胀和融陷的影响。

（三）工程降水评价

对地下水采取降低水位措施时，应符合下列规定：

（1）施工中地下水位应保持在基坑底面以下 0.5～1.5 m。

（2）降水过程中应采取有效措施，防止土颗粒的流失。

（3）防止深层承压水引起的突涌，必要时应采取措施降低基坑下的承压水头。

（4）当需要进行工程降水时，应根据含水层渗透性和降深要求，选用适当的降低水位方法。

几种方法有互补性时，亦可组合使用。

第四节 岩土工程勘察中的水文地质问题与策略

一、水文地质勘察的现状及内容

（一）水文地质勘察的现状

人类经历的地质灾害中有很大一部分都与地下水有直接或间接的关系，据有关数据显示，地下水与岩体互相作用所造成的地质灾害复杂而广泛，并且其造成的灾害具有多样性和不可控性。在现实岩土勘察工作中很少利用水文参数，水文地质问题很容易被忽略，大多仅考虑在自然状态下的水文地质问题。因工程设计者对水文地质问题认识欠缺，尤其在水文地质状况较为复杂的区域，水导致岩土工程危害时常发生，设计及勘察往往会处于很尴尬的境地。

（二）岩土工程勘察中的水文地质内容

1.岩土工程勘察中的水文地质评价内容

地下水这部分内容与现行《岩土工程勘察规范》要求相比，存在很大的偏差。实际工作中仅仅提供施工期间的稳定水位及其高度是远远不够的，岩土工程安全和工程造价都与对地下水的评价有很大关系。水文的地质问题主要包括：地下水的升降、渗透性、腐蚀性能，以及地表水与地下水之间的相互联系。在进行地基和建设之前，需要考虑地下水对土体上浮的作用；地下水及其动水压力对边坡稳定性有哪些影响，在验算边坡稳定性时重点考虑。

2.地下水升降变化

目前，勘察行业内普遍不重视提供地下水的变化幅度，有的甚至在勘察报告中随便提供一个范围值应付一下，这些行为都是不对的。每个地方都会存在枯水期和丰水期，并且两个时期水位的不同将对设计及基础建设产生很大的影响。当然长期的地下水观测对工程造价及其工期都会有影响，那么可以到相关部门收集历史数据做参照。

二、岩土工程中水文地质的勘察要求

1.自然地理条件

包括气象水文特征和地形地貌等内容。气象水文特征是指工程所属地域、气候、温度和湿度等。地形地貌是指工程区域周围的水系、地貌和环境等。

2.地质环境

包括工程所在区域的地质构造特征、基底构造及其对第四系厚度的控制、地层岩性、新构造运动等方面的内容。

3.地下水位的情况

地下水的水位变化对岩土工程的勘察影响很大，在岩土工程勘察中是不可忽视的重要内容。其中包括最近五年内地下水位的变化及其趋势分析、地下水的补给和排泄条件、地表水与地下水的补排关系及对地下水位的影响等等。

各含水层和隔水层的埋藏条件，地下水的类型、流向、水位及其变化幅度；主要含水层的分布、厚度及埋深；通过现场试验测定地层渗透系数等水文地质参数等；场地地质条件下对地下水赋存和渗流状态的影响、判定地下水水质对建筑材料的腐蚀性等。

三、岩土工程勘察中的水文地质问题

（一）岩土工程的水灾害

1.地面沉降

地面沉降是指某一区域内由于自然或人类活动引起的地面下沉的现象。其特点是波及范围广，下沉速率缓慢，所以早期一般不易察觉，也不易引起人们的重视。它多发生在大中城市，对人们的生产、生活影响极大，已成为一种严重的环境地质问题，影响和制约着当地国民经济的可持续发展。地面沉降已成为全球性问题，沉降范围之广，沉降量之大，令人瞠目结舌，由此引发的经济损失更是惊人。引起地面沉降的原因很多，除了活动断裂和构造沉降等自然因素外，还有地下工程开挖施工、基坑降水和抽取地下水等人为因素。从全世界范围看，过量抽取地下水引起地层压密、固结是造成地面沉降的主要原因。

2.地下水污染

随着经济的发展，城市的规模也在不断扩大。人口相对集中使固体废弃物的量不断增加。这些废弃物含有汞、镍、铬、金等金属元素，任意堆放的固体废弃物已经成为地下水的重要污染源之一。我国每年都有大量生活垃圾与工业废渣经腐蚀分解后直接进入土壤。而这些固体废物经大气降水及地下水径流的淋滤作用严重影响了人类供水水源的水质。

除了固体废弃物的污染，岩土工程施工也会对地下水造成污染问题。城市地表工程采用化学灌浆进行地基处理。化学灌浆多具有不同程度的毒性，特别是有机高分子化合物，如环氧树脂、乙二胺、苯酚等。浆液注入构筑物裂隙与地层孔隙，通过溶滤、离子交换、分解沉淀、聚合等反应，不同程度地污染地下水。另外，在一些矿山城市，因采矿、选矿活动使地下水呈酸性并含有重金属和有毒元素，这种被污染的矿山排水通称为矿山污水。它危及矿区周围的河道、土壤，甚至破坏整个水系，严重影响生活用水以及工农业用水。由于地表水资源的可使用量在一定的空间和时间范围内是有限的，因此，地下水的污染和地下水的超采有密切的联系，即严重的污染往往会使可供水源减少，以致增加对地下水的开采需求，这样往往会造成地下水的过量开采；而地下水的不合理开采或过量开采，会引起地下水水位的下降及其自净能力的削弱，也就会加剧地下水污染的程度。

（二）地下水对岩土工程的危害

1.地下水的升降变化对岩土工程的危害

地下水的升降变化及其水位条件在工程勘察中要引起重视。在自然条件下每个季节的地下水位都是不同的，旱季水位下降，雨季水位上升。并且不同区域地下水位的变化也是各不相同的，升降的幅度也是很小的，比人为因素引起的地下水变化对岩土工程的影响相对较轻。

（1）水位上升导致的岩土工程危害

水位上升的因素很多，主要受如含水结构、岩体形状等地质因素，水文气象因素如气温、降雨量等以及人为因素如施工、灌溉等的影响，通常是这几种因素综合作用的结果。水位的上升可能造成滑坡、土壤盐渍化、沼泽化，对建筑物腐蚀性增强。一些特殊的岩土结构会造成粉细沙及粉尘饱和液化、流沙等现象，引起建筑物失稳。

（2）地下水位下降造成的岩土工程危害

地下水位下降多是由人为因素造成的，如过度抽取地下水、矿床疏干及修建水库拦截下游地下水补给等。目前，地下水的下降已经导致了一些城市地面塌陷、地面下降、地下水枯竭等环境问题，对建筑物、岩土工程的稳定性及人类自身生存构成了巨大的威胁。

2.地下水频繁变化对岩土工程造成的危害

地下水位频繁发生变化容易造成岩土膨胀变形难以恢复，对岩土膨胀幅度加大，从而对基础设施造成破坏。在平衡情况下，地下水压力比较小，不会对岩土造成严重危害。但是地下水位频繁升降就会改变地下水平衡条件，形成水体流动。地下水的频繁变动，会引起土壤中铁、镁、铝等成分流失，导致土质疏松，压缩模量、承载能力下降，给后续工程基础选择及处理造成较大的麻烦。

防治地下水必须从思想上认识到地下水的危害，同时要加强监管，做好勘测设计施工验收各阶段地下水防治工作，确保施工质量和工程安全。

四、工程勘察中水文地质问题的对策

1.加强对工程地质勘察规范或规程的学习

经过几十年的发展，当前我国工程地质勘察工作已经拥有了完备的规范、规程体系，这些规范性文件对勘察工作的目的、任务、评价都做了具体的、切实可行的规定，是工程地质技术人员开展工作的主要依据。工程地质技术人员必须高度重视规范、规程，了解和熟悉其要求，这样才能在开展工程地质勘察时做足工作量布置，设置足够的原状土样测试数据，及时划分抗震地段。通过研读规范、规程，工程地质管理者和技术人员在吸收文件的相关规定后，能不断地充实和提高自身的理论水平和实践操作能力。

2.重视地下水埋藏状况的调查

在调查时，要明确调查的重点，设置必要的调查指标体系，弄清地下水的类型、补给及排泄条件、地下水位、水位变化幅度及规律，在此基础上，对地下水对建筑材料的腐蚀性进行评价，涉及基坑工程的还应做抽、压水试验，调查土层的渗透性质等。预估地下水可能带来的突涌、流沙或管涌等潜在威胁，制定出有效和可行的防治措施建议。

3.加强工程地质勘察中对水文地质的评价

在以往的工程勘察报告中，由于缺少结合基础设计和施工需要评价地下水对岩土工程的作用和危害，在很多地区已发生多起因地下水造成基础下沉和建筑物开裂的质量事故，总结以往的经验和吸取教训，我们认为今后在工程勘察中，对水文地质问题的评价，主要应考虑以下三方面内容：首先，应重点评价地下水对岩土体和建筑物的作用和影响，预测可能产生的岩土工程危害，提出防治措施。其次，工程勘察中还应密切结合建筑物地基基础类型的需要，查明有关的水文地质问题，提供选型所需的水文地质资料。最后，应从工程角度，按地下水对工程的作用与影响，提出不同条件下应当着重评价的地质问题，例如，①对埋藏在地下水位以下的建筑物基础中水对混凝土及混凝土内钢筋的腐蚀性；②对选用软质岩石、强风化岩、残积土、膨胀土等岩土体作为基础持力层的建筑场地，应着重评价地下水活动对上述岩土体可能产生的软化、崩解、胀缩等作用；③在地基基础压缩层范围内存在松散、饱和的粉细砂、粉土时，应预测产生潜蚀、流沙、管涌的可能性；④当基础下部存在承压含水层，应对基坑开挖后承压水冲毁基坑底板的可能性进行计算和评价；⑤在地下水位以下开挖基坑，应进行渗透性和富水性试验，并评价由于人工降水引起土体沉降、边坡失稳进而影响周围建筑物稳定性的可能性。

岩土工程中的水文地质问题是不可忽视的重要问题，水文地质工作在工程勘察中起着重要作用，随着工程勘察的发展，其必将受到越来越广泛的重视，切实做好水文地质工作将对勘察水平的提高起到极大的推动作用。因此，应该在工程勘察中做好水文地质工作的调查与分析，根据勘察到的情况制定相应的防护措施和施工计划，为设计和施工提供必要的水文参数，使岩土工程勘察成果更具实用性和预见性，真正保证工程的质量。

第二章 岩土工程爆破技术与安全

爆破是目前破碎岩石等坚固介质的有效办法。爆破技术的高效性、经济性和可控性为生产建设开辟了广阔前景。但是如果爆破设计不当，施工操作不规范或爆破器材质量不佳，在爆破生产过程中，如果发生人的非安全行为（失误）和物质环境的非安全状态（故障），或两者交融作用的结果，致使系统能量超越正常范围导致能量意外转移，形成或增加爆破公害，不仅会影响炸药的能量利用，而且会影响周围的建（构）筑物设施和人员安全。因此，在爆破设计施工过程中，必须牢固树立"安全第一""预防为主"的思想观念，真正视安全如生命，培养安全是爆破的永恒目标的意识。全面地运用爆破安全理论分析爆破公害致因，科学地应用降低或消除爆破公害的有效控制技术与安全措施，保证周围人员和建（构）筑物设施与环境的安全。

第一节 岩土工程爆破器材与起爆方法

一、工业炸药

工业炸药是指用于非军事目的的民用炸药。20世纪初，以硝酸铵为主的混合炸药出现以来，由于其爆炸及安全性能更适合于矿山生产及各类爆破工程，因此得到了广泛应用，从而形成了以硝酸铵为主的多品种混合炸药占据绝大部分市场份额的局面。

作为一种工业产品，炸药应满足下列基本要求：

第一，爆炸性能好，具有足够的爆炸威力，能满足各种爆破工程的需要；

第二，具有合适的感度，既能保证使用、运输、搬运等环节的安全，又能方便顺利地起爆；

第三，具有一定的化学安定性，在储存中不变质、不老化、不失效，且具有一定的稳定储存期；

第四，其组分配比应达到零氧平衡或接近零氧平衡，爆炸生成的有毒气体少；

第五，原材料来源广，成本低廉，便于生产加工，且操作安全。

（一）工业炸药的分类

1.按应用范围和成分分类

（1）起爆药。其特点是极为敏感，受外界较小能量作用立即发生爆炸反应，反应速度在极短的时间内增长到最大值，工业上常用它制造雷管，用来起爆其他类型的炸药。最常用的起爆药有二硝基重氮酚（DDNP）、雷汞和氮化铅等。

（2）猛性炸药。猛性炸药，简称猛炸药，按组分又可分为单质猛炸药和混合炸药。单质猛炸药是指化学成分为单一化合物的猛炸药，又称爆炸化合物。它的敏感度比起爆药低，爆炸威力大，爆炸性能好。工业上常用的单质猛炸药有梯恩梯（TNT）、黑索金（RDX）、泰安等，用于雷管中的加强药、导爆索和导爆管的芯药及混合炸药的敏化剂等。

混合炸药是由爆破性物质和非爆破性物质成分按一定的比例混制而成，其敏感度低于起爆药，激起爆轰的过程较起爆药长，但爆后释放的能量比起爆药大。

混合炸药是工程爆破中用量最大的炸药。工业上常用的有粉状硝铵类炸药（如铵梯炸药、铵油炸药、铵松蜡炸药和重铵油炸药等）、含水硝铵类炸药（如浆状炸药、水胶炸药和乳化炸药等）、硝化甘油炸药等。

（3）发射药。发射药的特点是对火焰极敏感，可在敞开环境下爆燃，而在密闭条件下爆炸，其爆炸威力很弱；吸湿性很强，吸水后敏感性大大下降。常用的发射药有黑火药，可用于制造导火索和矿用火箭弹。

2.按使用条件分类

第一类是准许在地下和露天爆破工程中使用的炸药，包括有瓦斯和矿尘爆炸危险的工作面。第二类是准许在地下和露天爆破工程中使用的炸药，但不包括有瓦斯和矿尘爆炸危险的工作面。第三类是只准许在露天爆破工程中使用的炸药。

第一类是安全炸药，又称作煤矿许用炸药。第二类和第三类是非安全炸药。第一类和第二类炸药每千克炸药爆炸时所产生的有毒气体不能超过《爆破安全规程》（GB 6722-2014）所允许的量。同时，第一类炸药爆炸时还必须保证不会引起瓦斯或煤尘爆炸。

按其用途可分为三类：第一类即煤矿许用型，第二类即岩石型，第三类即露天型。

3.按主要化学成分分类

（1）硝铵类炸药，以硝酸铵为其主要成分，加上适量的可燃剂、敏化剂及其附加剂的混合炸药均属此类。这是目前国内外工程爆破中用量最大、品种最多的一类混合炸药。

（2）硝化甘油类炸药，以硝化甘油或硝化甘油与硝化乙二醇混合物为主要爆炸成分的混合炸药均属此类。硝化甘油类炸药就其外观状态来说，可分为粉状和胶质；就耐冻性能来说，可分为耐冻和普通。

（3）芳香族硝基化合物类炸药，凡是苯及其同系物，如甲苯、二甲苯的硝基化合物以及苯胺、苯酚和萘的硝基化合物均属此类。例如，梯恩梯、黑索金、二硝基甲苯磺酸钠（DNTS）等。这类炸药在工程爆破中用量不大。

（4）液氧炸药，由液氧和多孔性可燃物混合而成。在工程爆破中基本上不使用这类炸药。

（5）其他工业炸药，指不属于以上四类的工业炸药，如黑火药和雷管起爆药等。

（二）起爆药

起爆药是炸药的一大类别，它对机械冲击、摩擦、加热、火焰和电火花等作用都非常敏感，因此，在较小的外界初始冲能（如火焰、针刺、撞击、摩擦等）作用下即可被激发而发展为爆轰。而且起爆药的爆轰成长期很短，借助于起爆药这一特性，可安全、可靠和准确地激发猛炸药，使它迅速达到稳定的爆轰。

近年来，随着科学技术和军事技术的不断发展，起爆药朝着安全高能、感度可控、绿色环保的方向发展。以高氮四唑、呋咱类衍生物为代表的绿色起爆药结构中含有大量的N-N和C-N键，具有芳香结构的稳定性、较好的热稳定性、较高的正生成熔以及较大的产气量等特点，且其分解产物主要为N_2，对环境无污染，在构筑新型绿色起爆药方面具有广阔前景，也是未来绿色起爆药发展的重要方向。目前，绿色起爆药的研究已经取得了一定成果，但仍有很多地方有待研究者继续探索和研究。[①]

二、起爆器材

起爆器材的品种较多，可分为起爆材料和传爆材料两大类。各种雷管属于起爆材料，导火索、导爆管属于传爆材料，导爆索既能起到起爆作用又能起到传爆作用。

1.雷管

用于起爆炸药、导爆索、导爆管等爆破器材的最常用的起爆材料。按点火方式可将雷管划分为火雷管、电雷管和非电（导爆管）雷管。

（1）火雷管。火雷管是工业雷管中结构最简单的一个品种。它用火焰直接引爆，火焰通过导火索传递。按照装药量和起爆能力，雷管一般可分为10个等级。工业上大多使用6号和8号雷管。等级越大，起爆能力越大。

火雷管由管壳、正起爆药、副起爆药、加强帽和聚能穴五部分组成。

火雷管多在小规模露天采场或二次破碎中使用，在有瓦斯、煤尘和矿尘爆炸危险的场合禁止使用。

（2）电雷管。电雷管的结构与火雷管大致相同，但其引火部分由脚线、桥丝和引火

---

① 金爱兵.爆破工程[M].北京：冶金工业出版社，2021.

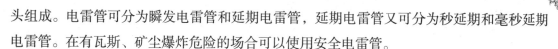

头组成。电雷管可分为瞬发电雷管和延期电雷管，延期电雷管又可分为秒延期和毫秒延期电雷管。在有瓦斯、矿尘爆炸危险的场合可以使用安全电雷管。

（3）非电雷管。非电雷管是一种由导爆管引爆的雷管，包括瞬发雷管、秒差雷管和毫秒延期雷管。

2.导火索

导火索是以黑火药为药芯，外面包裹棉线、塑料、纸条、沥青等材料制成的索状传爆材料。国产普通导火索的燃速为 100～125 m/s，喷火长度不小于 4 cm。

3.导爆索

导爆索是一种传递爆轰并可起爆雷管和炸药的索状起爆器材，其结构与导火索类似，但药芯是黑索金、泰安等单质猛炸药。导爆索可分为普通、安全等多个品种。

国产普通导爆索的芯药线装药密度为 12～14 g/m，爆速不低于 6500 m/s。

4.导爆管

导爆管是外径 3 mm、内径 1.5mm 的高压聚乙烯塑料管，其内壁涂有一层很薄的混合炸药，药量为 16～20 mg/m。导爆管中激发的冲击波以 1600～1800 m/s 速度传播，可引爆雷管和黑火药。

三、起爆方法

利用起爆器材和一定的工艺方法去引爆工业炸药的过程，叫作起爆。起爆的目的是使炸药按顺序准确可靠地发生爆轰反应，从而合理有效地利用炸药爆能，起爆工艺与技术的总和称为起爆方法。

在工程爆破中，为了使炸药起爆，必须由外界给炸药局部施加一定的能量，根据施加能量方法的不同，起爆方法大致可分为三类，即电起爆法、非电起爆法和其他起爆法。

电起爆法是采用电能来起爆工业炸药的起爆方法，如工程爆破中广泛使用的各种电雷管的起爆方法。

非电起爆法是采用非电的能量来引起工业炸药爆炸的起爆方法，主要包括导爆索起爆法和导爆管起爆法。

其他起爆法，如水下超声波起爆法、电磁波起爆法和电磁感应起爆法等。

前两类起爆法是目前在工程爆破中使用最广泛的起爆方法。在工程爆破中究竟选用哪一种起爆方法，应根据环境条件、爆破规模、经济技术效果、是否安全可靠，以及操作人员掌握起爆技术的熟练程度来确定。例如，在有沼气爆炸危险的环境中进行爆破时，应采用电起爆而禁止采用非电起爆。对大规模的爆破，如硐室爆破、深孔爆破和一次起爆数量较多的炮孔爆破，可采用电起爆、导爆管起爆或导爆索起爆，也可以采用组合的复式起爆网路，以提高起爆的可靠性。

（一）电力起爆方法

利用电雷管通电后起爆产生的爆炸能引爆炸药的方法，称为电力起爆法。电力起爆法是通过由电雷管、导线和起爆电源三部分组成的起爆网路来实施的。电力起爆法的使用范围十分广泛，无论是露天或井下、小规模或大规模爆破，还是其他工程爆破中均可使用。

其中，电雷管起爆法使用范围十分广泛，无论是露天或井下、小规模或大规模爆破，还是其他工程爆破中均可使用。它具有其他起爆法所不及的优点：

（1）从准备到整个施工过程中，从挑选雷管到连接起爆网路等所有工序，都能用仪表进行检查；并且能按设计计算数据，及时发现施工和网路连接中的质量和错误，从而保证爆破的可靠性和准确性。

（2）能在安全隐蔽的地点远距离起爆药包群，使爆破工作在安全条件下顺利进行。

（3）能准确地控制起爆时间和药包群之间的爆炸顺序，因而可保证良好的爆破效果。

（4）可同时起爆大量雷管等。

电雷管起爆法有如下缺点：

（1）普通电雷管不具备抗杂散电流和抗静电的能力，所以在有杂散电流的地点或露天爆破遇有雷电时，危险性较大，此时应避免使用普通电雷管。

（2）电雷管起爆准备工作量大，操作复杂，作业时间较长。

（3）电爆网路的设计计算、敷设和连接要求较高，操作人员必须有一定的技术水平。

（4）需要可靠的电源和必要的仪表设备等。

（二）导爆索起爆方法

导爆索起爆法是利用捆绑在导爆索一端的雷管爆炸引爆导爆索，然后由导爆索传爆，将捆在导爆索另一端的起爆药包起爆的起爆方法。由于导爆索使用灵活方便，因而广泛用于深孔不耦合装药和硐室爆破中。

（三）导爆管起爆法

导爆管起爆法类似导爆索起爆法，导爆管与导爆索一样，起着传递爆轰波的作用，不过传递的爆轰波是一种低爆速的弱爆轰波，因此它本身不能直接起爆工业炸药，而只能起爆炮孔中的雷管，再由雷管的爆炸引爆炮孔或药室内的炸药。

（四）混合网路起爆法

工程爆破中为了提高起爆系统的准爆率和安全性，考虑到各种起爆器材的不同性质，经常将两种以上不同的起爆方法组合使用，形成一种准爆程度较高的混合网路。这种网路有两种以上起爆材料混合使用，混合网路常用的有三种形式：电-导爆管混合网路、导爆索-导爆管混合网路和电-导爆索混合网路。有时电雷管、导爆管雷管和导爆索也可根据情况同时使用。

（1）电-导爆管混合网路。电-导爆管混合网路在拆除爆破时使用较多，硐室爆破和其他爆破都有使用。一般是炮孔内装导爆管雷管，最后由电雷管起爆整个网路。

（2）导爆索-导爆管混合起爆网路。导爆管与导爆索敷设方便，只要连接可靠起爆可靠性也较高。导爆索与导爆管应垂直连接，即将导爆管和导爆索十字放置并将交叉点用胶布包好，导爆管的其余部分不能靠近导爆索。炮孔内放置同段或多段导爆管雷管，孔外用导爆索连接起爆。

（3）电-导爆索起爆网路。电-导爆索混合网路主要应用在硐室爆破中，在深孔台阶爆破中也有使用，导爆索在硐室内引爆起爆药包，硐外用电起爆引爆导爆索。

第二节　露天工程爆破技术

在露天岩土工程爆破中，深孔台阶爆破和硐室大爆破是最常用的两种爆破技术。

深孔台阶爆破是矿业开采，铁路、公路路堑开挖，边坡开挖控制，大型水利枢纽工程基础开挖的基本手段。随着深孔钻机和装运设备的不断改进，以及爆破技术的不断完善和爆破器材的日益发展，深孔爆破的优越性更加明显。从20世纪70年代开始，随着钻孔机具设备的更新、工业炸药和雷管质量的不断提高，新品种炸药和高精度、多段位毫秒延期电雷管以及非电导爆管雷管的广泛使用，以及计算机技术在工程爆破领域的广泛使用，有力地推动了露天台阶爆破技术的发展与水平的提高。如ICI集团在加拿大的一个露天矿进行的最大规模的深孔爆破，矿石开采量270余万t，炸药用量700余t；在瑞典北部一个大型露天钼矿进行的爆破，使用炸药近600 t；美国中西部露天煤矿剥离爆破，一次最大装药量达3000 t。露天深孔爆破技术的发展体现在设计、钻孔、装药及装载等工序采用计算机辅助设计系统，并逐步实现自动化；在路堑、沟槽、边坡开挖工程广泛应用预裂、光面爆破技术和孔内分段微差爆破控制技术等。

在钻孔爆破法不能满足生产需要的情况下，可以采用大量快速开挖的爆破方法，即硐室爆破法。硐室爆破是指采用集中或条形硐室装药爆破开挖岩土的作业方法，由于一次起爆的药量和爆落方量较大，故亦称为"大爆破"。工程实践表明，硐室爆破具有以下优点：可以在短期内完成大量土石方的挖运工程，极大地加快工程施工进度；不需要大型设备和宽阔的施工场地；与其他爆破方法相比，其凿岩工程量少，相应的设备、工具及材料

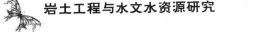

和动力消耗也少；经济效益显著。但是也存在一次爆破药量较多、爆破作用和振动强度大、安全问题比较复杂、爆破块度不够均匀、二次爆破工作量大等缺点。

1954年9月，我国首次在铁路建设中采用了硐室爆破方法，当时一个药室装药只有4500 kg，一次爆破石方达38 324 m³。在20世纪五六十年代，在交通、水利和采矿行业出现了采用硐室大爆破的高潮，爆破工程技术人员不断总结经验，发展了大爆破设计理论，完善了爆破设计计算参数，提出了一套完整的定向爆破设计计算经验公式并成功应用，显著提高了铁路、公路路堑爆破的实际开挖效果和边坡质量。始于20世纪70年代的条形药包装药设计是硐室爆破技术发展的新阶段，从20世纪80年代以来，条形药包硐室爆破技术的应用领域和规模逐渐扩大。其中，规模和影响较大的工程如1991年广东惠州芝麻洲3100 t移山填海大爆破，1992年底广东珠海炮台山1.2万t炸药的移山填海大爆破，一次爆破总方量达1085万 m³，抛掷率达51.8%。近年来，在石方路堑施工中，为控制主体石方爆破效果和路堑边坡质量，发展了条形药包硐室加预裂一次成形的综合爆破技术，爆破形成的边坡稳定、平整。

一、台阶爆破施工技术

台阶爆破是指爆破工作面以台阶形式推进完成爆破工程的爆破方法，也称为深孔爆破或梯段爆破。台阶爆破通常在一个事先修好的台阶上进行，每个台阶有水平和倾斜两个自由面，在水平面上进行爆破作业，爆破时岩石朝着倾斜自由面的方向崩落，然后形成新的倾斜自由面。露天台阶爆破按孔径、孔深的不同，可分为深孔台阶爆破和浅孔台阶爆破。通常将孔径大于75 mm、孔深大于5 m的钻孔称为深孔台阶爆破；反之，则称为浅孔台阶爆破。

（一）台阶的形成

露天矿台阶爆破的前提是矿山开拓工作，经过大量的土石方剥离工作，逐步形成了便于采矿设备正常工作的生产台阶。根据露天矿开采形式，台阶可设计成单边台阶（山坡露天矿）和环形台阶（深凹露天矿）。

道路建设大部分是在狭小的条形地带施工，线路绵延于山区和丘陵地区，除个别站场的工程量较大外，一般工程量都比较小。台阶布置形式与露天矿开采不同。根据台阶坡面走向与线路走向之间的关系，可以把深孔爆破的台阶布置为纵向台阶和横向台阶。

纵向台阶布孔法适用于傍山半路堑开挖。对于高边坡的傍山路堑，应分层布孔，按自上而下的顺序进行钻爆施工。施工时，应注意将边坡改造成台阶陡坡形式，以便上层开挖后下层边坡能进行光面或预裂爆破。横向台阶布孔法适用于全断面拉槽形式的路堑和站场开挖。单线的深拉槽路堑开挖，由于线路狭窄，开挖工作面小，爆破容易破坏或影响边坡的稳定性，因此，在采用横向台阶法时，最好分层布孔。为了便于施工和减少岩石的夹制作用，每层的台阶高度不宜过大，以 6~8 m 为宜。在布置钻孔时，对于上层边孔，可顺着边坡布置倾斜孔进行预裂爆破，而下层因受上部边坡的限制，边孔通常不能顺边坡钻凿倾斜孔。在这种情况下，可布置垂直孔进行松动爆破，但边坡的垂直孔深度不能超过台阶高度。

（二）露天浅孔爆破

浅孔爆破法主要用在露天石方开挖上，如平整地坪、开挖路堑，沟槽、采石、采矿、开挖基础等工程。它是目前我国铁路、公路、水电、人防工程，以及小型矿山开采的主要爆破方法。浅孔爆破可分为零星孤石爆破、拉槽爆破和台阶爆破三种类型。

浅孔爆破的优点是：施工机具简单，采用的手持式和带气腿的凿岩机可采用多种动力；也可以用人工打钎凿岩，适应性强；施工组织较容易；对于爆破工程量较小、开采深度较浅的工程，浅孔爆破可以获得较好的经济效益和爆破效果。

（三）露天深孔台阶爆破

露天深孔台阶爆破法已广泛用于露天开采工程、山地工业场地平整、港口建设、铁路和公路路堑、水电闸坝基坑开挖等工程中，并取得了良好的技术经济效果。

深孔台阶爆破的优越性主要表现在：

1.一次爆破方量大，钻孔机械化。大型设备的采用，尤其是牙轮钻机、大型电铲、汽车的配套使用，炮孔直径可达到 310 mm，深度一般为 10~20 m；施工速度快，工程质量高。

2.深孔台阶爆破有利于先进爆破技术的使用和促进爆破技术的发展，如毫秒微差爆破技术、宽孔距小抵抗线爆破技术和预裂爆破技术等。

3.显著地改善了破碎质量，其爆破地震强度、飞石距离和空气冲击波的影响范围都比硐室爆破小，降低了对边坡、路基等的有害效应。

4.提高了钻孔延米爆破量、爆破效率，减少炸药用量，同等条件下比一般爆破节省炸药 1/3~1/2，降低了工程成本。

（四）微差爆破技术

为了提高爆破效果和爆破安全，台阶爆破主要采用微差爆破技术。深孔微差爆破技术包括孔内微差技术和孔外微差技术两种。

孔内微差爆破技术就是在爆破孔外采用同段雷管起爆（或使用导爆索），孔内延期雷管按不同时差顺序起爆，实现各个炮孔爆炸的爆破技术。该爆破技术的优点是完成装药后连线简单，炮孔准爆程度高；缺点是装药过程复杂，必须认真核对每个炮孔的雷管段别。孔外微差爆破技术就是在爆破孔内采用同段雷管起爆（或使用导爆索），孔外延期雷管按不同时差顺序起爆以实现各个炮孔爆炸的爆破技术。该爆破技术的优点是装药过程简单，无须核对每个炮孔的雷管段别；缺点是完成装药后连线复杂，必须认真核对每个炮孔的段别。由于在大量多排的爆破工程中，前排起爆后，存在飞石后翻现象和前排爆破产生的冲击波的影响，此时如果后排炮孔尚未激发，容易砸断后排的爆破网路，导致瞎炮。

（五）露天宽孔距小抵抗线爆破技术

宽孔距小抵抗线爆破技术是以加大孔间距，减少排间距（最小抵抗线）增大炮孔密集系数，利用爆破漏斗理论改善爆破效果的一种爆破技术。该项技术早期由瑞典U. Langefors 提出，20世纪80年代开始，我国也对此进行了研究和推广，至今已取得明显的效果。该项爆破技术无论在改善爆破质量，还是降低单耗、增大延米爆破量方面都具有明显的优点。

1.宽孔距小抵抗线爆破机理

（1）增大爆破漏斗角，形成弧形自由面，为岩石受拉伸破坏创造有利条件

增大孔间距，减小最小抵抗线，则爆破漏斗角随之增大。每个爆破漏斗增大，就会为后排孔爆破创造一个弧形且含有微裂隙的自由面。实验表明，弧形自由面比平面自由面的反射拉伸应力作用范围大，应力叠加效果明显，有利于促进爆破漏斗边缘径向裂隙的扩展，破碎效果好。

（2）防止爆炸气体过早泄出，提高炸药能量利用率

由于孔距增大，爆炸气体不会造成相邻炮孔之间的裂隙过早贯通而出现爆生气体的逸散，从而增加爆生气体的作用时间，提高炸药能量利用率。

（3）增强辅助破碎作用

由于抵抗线减小，弧形自由面的存在，既可使拉伸碎片获得较大的抛掷速度，又可延缓爆炸气体过早逸散的时间，使其有较大的能量推移破碎的岩体，有利于岩块的相互碰撞，鞴增强辅助破碎作用。

2.炮孔密集系数的选取

宽孔距小抵抗线爆破技术主要以炮孔密集系数的变化来实现，而关于炮孔密集系数 m 值的选取，目前尚无统一的计算公式，可以依照工程类比经验取值或根据工程的实际试验值选取。一般认为，m=2~6 都可取得良好的爆破效果，个别情况也可以取 m=6~8。但是，在工程实施上为保证取得良好的爆破效果，需要注意以下两点：

①保证钻孔质量（孔位、孔深）。

②临空面排孔的 m 值选取至关重要，必须保证第一排炮孔能够取得良好的爆破效果。

通常，要确保首排爆破不留根底，之后再依次布置m值增大的第二排、第三排等炮孔。

宽孔距小抵抗线爆破技术的其他参数可以参照深孔台阶爆破选取。

二、露天硐室爆破

硐室爆破法是将大量炸药装入专门的硐室或巷道中进行爆破的方法。由于一次爆破的用药量和爆落石方量较大，通常称为"大爆破"。硐室爆破工程的分级是以一次爆破炸药用量Q为基础的，同时，还应考虑工程的重要性及环境的复杂性，按规定做适当调整。

依据《爆破安全规程》规定，硐室爆破等级划分为：A级，$1000\ t \leqslant Q \leqslant 3000\ t$；B级，$300\ t \leqslant Q < 1000\ t$；C级，$50\ t \leqslant Q < 300\ t$；D级，$0.2\ t \leqslant Q < 50\ t$。装药量大于3000 t的，应由业务主管部门组织论证其必要性和可行性，其等级按A级管理；装药量小于200 kg的小硐室爆破归入蛇穴爆破。

（一）硐室爆破的特点及安全要求

1.硐室爆破的特点

（1）硐室爆破的优点

①爆破方量大，施工速度快。在土石方数量集中的工点，如铁路、公路的高填深挖路基，露天采矿的基建剥离和大规模的采石工程中，从导硐、药室开挖到装药爆破，能在短期内完成任务，对加快工程建设速度有重大作用。

②施工简单，适用性强。在交通不便、地形复杂的山区，特别是地势陡峻地段、工程量在几千立方米或几万立方米的土石方工程，硐室爆破使用设备少，施工准备工作量小，因此具有较强的适用性。

③经济效益显著。对于地形较陡、爆破开挖较深、岩石节理裂隙发育、整体性差的岩体，采用硐室爆破方法施工，人工开挖导硐和药室的费用大大低于深孔爆破的钻孔费用，因此可以获得显著的经济效益。

（2）硐室爆破的缺点

①人工开挖导硐和药室，工作条件差，劳动强度大；

②爆破块度不够均匀，容易产生大块，二次爆破工作量大；

③爆破作用和振动强度大，对边坡的稳定及周围建（构）筑物可能造成不良影响。

2.硐室爆破的安全要求

《爆破安全规程》（GB 6722-2014）对硐室爆破提出如下安全要求：

（1）爆破作业单位应有不少于一次同等级别的硐室爆破设计施工实践，爆破技术负责人应有不少于一次同等级别的硐室爆破工程的主要设计人员或施工负责人的经历。

（2）硐室爆破设计施工，安全评估和安全监理应重点考虑以下几个方面的安全问题：

①爆破对周围地质构造、边坡以及滚石等的影响；

②爆破对水文地质、溶洞、采空区的影响；

③爆破对周围建（构）筑物的影响；

④在狭窄沟谷进行硐室爆破时空气冲击波、气浪可能产生的安全问题；

⑤大量爆堆本身的稳定性；

⑥地下硐室爆破在地表可能形成的塌陷区；

⑦爆破产生的大量气体窜入地下采矿场和其他地下空间带来的安全问题；

⑧大量爆堆入水可能造成的环境破坏和安全问题。

（二）硐室爆破的分类及其适用条件

硐室爆破的分类方法比较多，主要分类如图2-1所示。

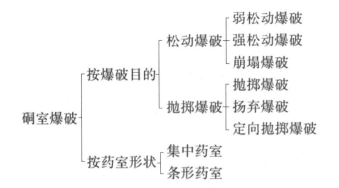

图2-1 硐室爆破的分类

硐室大爆破的主要对象是石方工程。下列条件之一者适宜采用硐室大爆破：

1.因山势较陡，土石方工程量较大，机械设备上山困难，宜采用硐室爆破。

2.控制工期的重点石方工程。例如，铁路、公路的高填深挖路段，露天采矿的覆盖层揭除和平整场地等。

3.在峡谷、河床两侧有高陡山地可取得大量土石方时，可运用定向爆破技术修筑堤坝。

4.交通要道旁的石方工程，为防止长时间干扰交通，可采用硐室爆破。

由于硐室大爆破装置用炸药量大，对爆破区的破坏较重，对周围地区的影响较大，因此，设计时应综合考虑多种因素，特别是爆破区附近有居民区时，应慎重。但是，只要精心设计，精心施工，周密考虑，硐室爆破仍不失为一种快速、高效开挖土石方工程的方法。

（三）硐室爆破的设计原则与设计内容

硐室爆破设计工作应按不同爆破规模和重要性的分级标准，分阶段进行。A、B级硐室爆破应按可行性研究、技术设计和施工设计三个阶段的相应设计要求，逐一设计和审批进行；C级硐室爆破允许将可行性研究与技术设计合并，分两个阶段设计；D级硐室爆破可一次完成施工设计。

1.设计原则和基本要求

①应根据上级机关批准的任务书和必要的基础资料及图纸进行编制。

②遵循多快好省的原则，确定合理的方案。

③贯彻安全生产的方针，提出可靠的安全技术措施，确保施工安全和爆破区周围建（构）筑物和设备等不受损害。

④采用先进的科学技术，合理地选择爆破参数，以达到良好的爆破效果。

⑤爆破应符合挖掘工艺要求，保证爆破方量和破碎质量，爆堆分布均匀，底板平整，以利于装运。同时，要保护边坡不受破坏。

⑥对大型或特殊的爆破工程，其技术方案和主要参数应通过试验确定。

2.设计基础资料

硐室爆破工程必须具备以下四方面的基本资料：

（1）工程任务资料

包括工程目的、任务、技术要求，有关工程设计的合同、文件、会议纪要，以及领导部门的批复和决定。

（2）地形地质资料

包括爆破漏斗区及爆岩堆积区的1：500地形图，比例为1：1000～1：5000的大区域地形图，1：500或1：1000的爆破区地质平面图及主要地质剖面图，工程地质勘测报告书及附图。

（3）周围环境调查资料

包括爆破影响范围内建筑物、工业设施的完好程度、重要程度，爆破区附近隐蔽工程的分布情况，影响爆破作业安全的高压线、电台、电视塔的位置及功率，近期天气条件。

（4）试验资料

必要的试验资料包括爆破器材说明书、合格证及检测结果，爆破漏斗试验报告，爆破网路试验资料，杂散电流监测报告，针对爆破工程中的特殊问题（如边坡问题、地震影响问题、堆积参数问题等）所做的试验爆破的分析报告，等等。

3.设计工作的内容

编制大爆破工程设计文件，主要应包括如下内容：

（1）爆破工程概况

包括工程目的、要求、工程进度、规模及预期效果。

（2）地形及地质情况

爆破区和堆积区的地形、地貌、工程地质及水文地质的有关内容，堆积区的地形、地貌、工程地质及水文地质等与爆破的关系以及爆破影响区域内的特殊地质构造（如滑坡、危坡、大断裂等）。

（3）爆破方案

选择爆破方案的原则是，根据整体工程对爆破的技术要求和爆区地形、地貌等客观条件，合理地确定爆破范围和规模，爆破类型、药室形式和起爆方式，并进行多方案优缺点比较，论证所选方案的合理性、存在问题与解决办法。

（4）装药计算

说明各参数的选择依据及装药量计算方法，并列表说明计算结果。

（5）爆破漏斗计算

包括压碎圈半径、上下破裂线及侧向开度计算，可见漏斗深度、爆破及抛掷方量计算。

（6）抛掷堆积计算

包括最远抛距、堆积三角形最高点抛距、堆积范围、最大堆积高度及爆后地形。

（7）平巷及药室

确定平巷、横巷的断面，药室形状及所有控制点的坐标，并计算出明挖、雨挖工程量。

（8）装药堵塞设计

明确装药结构及炸药防潮防水措施，确定堵塞长度，计算堵塞工程量并说明堵塞方法、要求及堵塞料的来源。

（9）起爆网路设计

包括起爆方法、网路形式及敷设要求，确定堵塞长度、计算电爆网路参数及列出主要器材加工表。

（10）安全设计

计算爆破地震波、空气冲击波、个别飞石、毒气的安全距离，定出警戒范围及岗哨分布，对危险区内的建（构）筑物安全状况的评价及防护设施。

（11）科研观测设计

大中型爆破工程一般都要开展一些科研观测项目（如测震、高速摄影等），在设计文件中应列出项目、目的、工程量、承担单位及预算经费。

（12）试验爆破设计

一些大型爆破工程或难度较大的爆破工程，往往要考虑进行一次较大规模的试验爆破来最后确定爆破参数，试验爆破的设计除一般工程设计的基本要求外，还应当考虑一些观测手段或设置一些参照物，以便在爆后尽快取得所需的参数和资料。

（13）施工组织设计

应当包括施工现场布置，开挖施工的组织、装药、堵塞、起爆期间的指挥系统、劳动组织、工程进度安排，以及爆破后安全处理和后期工程安排。

（14）所需仪器、机具及材料表

（15）预算表

（16）技术经济分析

主要指标有单位炸药消耗量、爆破方量成本、抛方成本，以及整个土石方工程的成本分析和时间效益、社会效益分析等。

（17）主要附图

①地质平面及剖面图；②药包布置平面及剖面图；③爆破漏斗及爆堆计算剖面图；④导硐、药室开挖施工图；⑤起爆网路图；⑥装药、堵塞施工图；⑦爆破危险范围及警戒点分布图；⑧科研观测布置图。

（四）硐室爆破施工

硐室爆破施工设计包括导硐、药室及装填设计、起爆网路设计等。

1. 导硐

联通地表与药室的井巷统称为导硐。

导硐一般分为平硐和竖井两类。平硐、竖井与药室之间用横巷相连。横巷与平硐、竖井相互垂直。

导硐类型的选择，主要依爆区的地形、地质、药包位置及施工条件等因素而定，一般多用平硐。在地形较缓或爆破规模较小时，可采用竖井。

平硐施工，出渣、支护方便，排水简单，施工速度快；缺点是填塞工作费时，填塞效果较差。竖井施工测量定位方便，填塞效果好，但出渣、排水和支护较困难，施工速度慢。

竖井超过 7 m，平硐超过 20 m，掘进时应采取机械通风。

布置导硐应注意以下几点：每个硐口所连通的药室数目不宜过多，导硐不宜过长，以利掘进、装药与填塞等工作。平硐应向硐口呈 3% ~ 5% 的下坡，以利于排水和出渣。硐口不宜正对附近的重要建筑物。

硐室爆破导硐设计开挖断面不小于 1.5 m × 1.8 m，小井不小于 1 m²，一般平硐坡度应大于 1%。

2.药室

药室多采用正方形或长方形。当装药量较大，岩石又不稳定时，可用"T字形""十字形"或"回字形"药室，以防因跨度太大引起冒顶塌方。

药室的容积以能容纳全部药量为基础，可按下式计算：

$$V = \frac{Q}{\Delta} K_v$$

式中：V——药室容积，m^3；

    Q——药包质量，t；

    Δ——炸药密度，t/m^3；

    K_v——药室扩大系数，与药室的支护方式及装药形式有关，可参见表2-1。

表2-1 药室扩大系数 K_v

药室支护情况	装药情况	K_v
不支护	粉状炸药松散装填	1.1
不支护	炸药成袋装填	1.3
用无底梁的棚子间隔支护	粉状炸药松散装填	1.3
全面支护	粉状炸药松散装填	1.45
用无底梁的棚子间隔支护	炸药成袋装填	1.6
全面支护	炸药成袋装填	1.8

3.装药与填塞

装药前对有积水、滴水的药室采取排水、堵水措施，并做好炸药的防潮处理或使用抗水炸药。装药时，应将炸药成袋（包）地堆放整齐，并将威力较低的炸药放在药室周边，威力较高的炸药放置在起爆体的附近。

起爆体必须按设计要求放入药室，并用散装炸药将其周围的空隙填满，同时将起爆体的导线、导爆索或导爆管引出药室口，装入线槽。

装药完毕，药室口应用木板、油毡或厚塑料布封闭，用细粒料将其封堵严实，再用碎石充填，然后用装有土（砂、碎石）的编织袋或块石堆砌。

填塞工作开始前，应在导硐或竖井口附近备足填塞材料，并标明编号和数量。平硐填塞应在平硐内壁上标明填塞的位置和长度。

药室的填塞长度一般不小于横巷断面尺寸长边的3～5倍。填塞应从药室边部开始，在连接药室的横巷中进行。当横巷的长度小于设计填塞长度时，填塞位置应延伸至平硐或竖井中。地下水较大的药室，填塞时不得将水沟堵住。填塞过程中要注意保护爆破网路。

4.起爆体与起爆网路

（1）起爆体

起爆体应装在木箱内，所装炸药不应超过 20 kg。木箱的上盖应能活动以便装药，木箱一端开孔，从中引出导线或导爆索。起爆雷管或导爆索结应放在起爆体的中央，木箱中必须装满炸药，封闭严密，并将雷管和导爆索固定。

在电雷管起爆体装入药室前，应对其电阻值进行检测，并应在包装箱上写明导硐号、药室号、雷管段别、电阻值。同时，将导硐、药室内的一切电源切断，拆除导线，并检测杂散电流，确认安全后才准放入起爆体。

从起爆体中引出的导线、导爆索或导爆管应在药室内用塑料布包裹，以防止它们与含油相（铵油、乳化油）炸药接触。

（2）起爆网路

《爆破安全规程》（GB 6722-2014）规定：硐室爆破应采用复式起爆网路并做网路试验。电爆网路应设中间开关。

在硐室爆破中广泛采用的是双电爆网路，因为它便于在填塞过程中随时监测。另外，电爆与导爆索相结合的起爆网路也常被采用。在有雷击危险的爆破区，可以使用非电导爆管网路或者全导爆索网路。

在大爆破工程中，当起爆体个数较多时，可采用分区并联、区内串联的爆破网路；对于起爆体个数较少的工程，也可以采用串联爆破网路。

第三节　地下工程爆破技术

一、地下爆破的几种类型

（一）巷道掘进爆破

地下爆破即在地下（如地下矿山、地下硐室、隧道等）进行的岩土爆破作业，它主要运用于巷道掘进、隧道掘进、地下采矿、地下硐室开挖等方面，其中，巷道掘进爆破在施工方法上最具代表性，同时也是地下爆破的专业基础，因此，熟悉掌握巷道掘进爆破既具有重要性，也具有必要性。

巷道即为一种工作通道，主要服务于矿山行车、行人、通风、排水等。按空间位置分有平巷、竖井、斜井，按巷道断面中煤岩所占的比例不同可分为岩巷、煤巷和半煤岩巷。岩巷是指巷道断面中岩层占4/5及以上的巷道，煤巷是指巷道断面中煤层占4/5及以上的巷道，半煤岩巷道指除上述两种巷道以外的巷道。巷道断面形式分有半圆拱形、三心拱形、马蹄形、圆形、梯形、矩形等，但最常见的是半圆拱形。与露天爆破相比，煤矿巷道掘进爆破主要具有如下特点：

（1）作业环境方面：有瓦斯和煤（岩）尘爆炸的危险，围岩垮塌时的逃生希望小，工作场内阴暗、狭窄和潮湿。

（2）爆破难度方面：工作面上只有一个自由面，岩石的夹制阻力大，炸药和雷管的单耗高。

（3）技术要求方面：钻孔精度要求高，循环进尺要求大，钻孔数量要求多，周边围岩要求平，爆落岩块要求小。

（二）煤矿井下爆破

在煤层开采爆破中，由于作业环境中有瓦斯或煤尘爆炸、煤和瓦斯突出及矿坑透水和冒顶等危险，因此，了解煤矿井下爆破作业环境d特点，掌握煤矿安全爆破技术，遵守《煤矿安全规程》，对确保煤矿井下爆破作业中的安全，降低爆破事故，减少或杜绝瓦斯或煤尘爆炸的危险，均有着十分重要的意义。

（三）隧道爆破

隧道的爆破开挖原理与井巷爆破大致相同，所不同的是：爆挖断面较大，相应的爆破自由面与作业空间也更大；离地表较近，工程地质结构和水文地质条件更复杂；爆破震动对地表影响较大；工作面遇瓦斯情况较少，尤其是煤尘爆炸的危险性几乎不存在；所以在爆破作业方法与爆破器材的选用上与煤矿井下爆破也有较多的不同之处。

隧道是地下通道的一种，掘进时所采用的方法有矿山法、明挖法、掘进机法、盾构法、沉管法、顶进法，但在山岭隧道中主要采用的方法还是矿山法，即钻爆法。由于工作断面较大，钻爆作业时，通常选用钻凿台车和装药台车，爆破开挖顺序仍然是先进行掏槽，之后进行断面扩大，最后采取周边控制爆破方法沿设计轮廓线进行光面处理。

（四）桩井爆破

桩基是由桩和连接桩顶的承台组成的深基础。桩基的开挖方法较多，钻孔爆破法也属于其中之一，桩基的桩井爆挖宜采用浅孔松动爆破。桩井的爆破是桩基础在施工中遇到坚硬岩石无法进行开挖或者效率低下，需要采用爆破方法向下掘进的一个施工措施。

桩井为竖井的一种，其断面呈圆形的居多，直径一般在1～3 m范围内，井内岩石的风化程度随井深加大而逐渐减弱，爆破时自由面较少，岩石的夹制阻力作用较大，炸药单耗量通常较高。桩井越深，爆破就越困难。

在对有形体进行的浅孔爆破中，除桩井爆破外，沟槽爆破、基坑爆破等也是浅孔爆破d 主要运用范围，但沟槽与基坑爆破因开挖面积往往较桩井断面大，深度较小，可采用台阶爆破法，自由面较多，因此，爆破难度就较桩井小。

二、掘进爆破技术

随着煤炭事业的快速发展、矿用爆破器材的不断更新和凿岩设备大型化、高效化，地下工程爆破技术也有了较大发展。我国较早试验成功并采用毫秒微差爆破、周边聚能光面爆破、立井深孔爆破等技术，此外，在立井冻结段掘进爆破、石门揭煤爆破、钻井井壁破底爆破等方面也处于世界先进水平。近年来，我国还开始研究试验了无掏槽爆破技术、连续微分爆破技术、巷道掘进无抛掷爆破技术、揭煤遥控起爆技术等，有些已在生产中试用并产生了良好的经济效益，有些也已取得了阶段性成果。此外，计算机辅助设计、计算机爆破模拟也已应用于煤矿井下。

（一）岩巷掘进微差爆破技术

20世纪50年代以来，微差爆破技术在各类爆破工程中已得到了广泛应用，特别是在露天爆破方面取得了较为显著的技术效益。而对煤矿巷道掘进的微差爆破的研究与试验却较少，并且研究和试验仅停留在理论上的探讨与研究，还不能指导实践。所以，目前我国的生产部门在巷道掘进中仍多采用25 ms的延迟间隔时间。经理论分析和模型试验研究表明，已不能满足岩石充分破碎的需要，而较为合理的延迟间隔时间应该是使得前段装药爆后岩石破碎运动，新自由面完全形成。因此如能以合理的微差间隔时间爆破，便可以利用先期炸药爆炸产生的应力场、自由面以及岩块间的相互碰撞，达到改善破岩效果、降低炸药单耗和控制破堆较为集中的目的。为此，安徽理工大学进行了大量的理论研究、实验室模型试验和工业性试验，得出结论：岩巷砂岩掘进2 m浅孔爆破的合理延迟间隔时间为40～70 ms，在山东、河南、安徽等矿的实际应用结果表明可以缩短循环装岩时间，改善了爆破块度，减少了爆破抛掷，提高了爆眼利用率，降低了炸药消耗量。

（二）立井深孔光面爆破技术

大型钻凿机械的出现及抗水型岩石水胶炸药、乳化炸药的应用，克服了普通铵梯炸药的管道效应和通水失效问题，使深孔和中深孔爆破技术得以快速发展。原煤炭工业部曾在"六五"和"七五"期间两次组织了煤炭高校和众多科研生产部门，进行立井4 m深孔光面爆破技术攻关研究，通过理论分析、实验室试验和现场工业测试，提出了高效率的两阶槽眼同深直眼掏槽和分段直眼掏槽方法；成功地试用了炮孔上、中、下部预留空气缓冲层的装药结构；克服了炮孔上部欠挖问题和改善了爆破块度；同时，采用较为先进的电磁雷管起爆系统和非电导爆管起爆系统，提高了爆破作业安全性和缩短了爆破作业时间，炮眼利用率超过90%，抓岩生产率提高了20%以上。

（三）定向断裂爆破技术

岩巷掘进施工采用传统的钻爆法时，周边眼布置密集，为浅孔多循环作业方式，即使采用普通的光爆成型技术，因施工中难以严格按光爆要求施工，致使巷道普遍成型效果差，围岩破坏严重，最终影响掘进的循环进尺及成本。中国矿业大学（北京校区）研究的"岩巷定向断裂爆破新技术"取得了较好的效果。其机理是采用聚能药卷控制爆炸能量的释放方向，使之沿着巷道轮廓线方向优先释放，形成引导裂纹，并提供应力场使之具有足够的应变能来维持裂纹以理想的速率传播而不至于分叉；在非切缝方向，由于稀疏波作用及对爆生气体的缓冲作用，从而抑制了其他方向的裂纹扩展。另外，爆生气体优先沿着巷道轮廓方向驱动裂缝，使其加速扩展直至形成理想的断裂面。试验表明，定向断裂爆破改变了炮孔周围的应力分布与发展的对称性，沿定向断裂方向应力远大于其他方向，这是能源集中作用产生定向断裂的重要原因。因此，切缝药卷爆破巧妙利用了炸药的动作用和静作用，不同于一味地降低炸药爆破的动压而降低爆轰压力对孔壁作用的普通光面爆破，在爆炸能量的利用上更趋合理和充分，切缝药卷爆破试验研究和现场应用已充分证实了其有效性，且施工工艺简单，易于推广应用。

第四节　岩土工程爆破安全

一、爆破行业安全管理历程

随着爆破行业的不断发展，爆破环境和条件更为复杂，对爆破安全的要求也越来越高。我国在爆破安全技术研究及安全管理方面进行了大量工作，积累了丰富的经验。20世纪70年代末，原国家计委组织的"七七工程"专门对爆破的有害效应进行了历时7年的大规模的系统观测研究，了解爆破有害效应产生的规律。为了使爆破安全技术管理有法可依，1986年以来我国先后制定并颁布实施了《爆破安全规程》《大爆破安全规程》《拆除爆破安全规程》等国家标准，中国爆破行业协会成立后，又组织专家对这几个标准进行了修订，2003年形成了统一的《爆破安全规程》（GB 6722-2003），并颁布实施。针对爆破器材与爆破技术的快速发展和爆破安全管理的新要求，2010年，中国爆破行业协会再次组织专家对该标准进行进一步修订，并于2014年12月5日发布了《爆破安全规程》（GB 6722-2014），代替原《爆破安全规程》（GB 6722-2003），于2015年7月1日正式实施，修订后的《爆破安全规程》全部技术内容具有强制性。

为了加强对民用爆炸物品的安全管理，预防爆炸事故发生，保障公民生命、财产安全和公共安全，爆炸物品的安全管理条例在不断地优化更新，经修订的《爆破员安全作业规程（2021版）》已颁布执行。文件强调爆破作业必须按现行标准《爆破安全规程》要求，编制爆破设计方案，制定并严格执行相应的安全技术措施；对爆破作业实施许可证制度，强化了爆破作业单位和从业人员的安全工作责任，明确了爆破作业单位和爆破作业的基本安全要求。

为适应市场经济，强化竞争机制，择优汰劣，对爆破公司实施资质分级管理。对C级以上爆破工程的设计施工开展安全评估，并推行爆破工程监理制度。无疑，这些制度的实施，使我国工程爆破安全管理逐步有序化和规范化，并迈上了一个新的台阶。

然而，随着我国爆破行业在建设工程中的崛起，近几年来增加了不少爆破公司，由于爆破公司增多，爆破工程项目较少，导致爆破工程单价下降，为了营利，只能降低成本，随之而来便忽略了安全管理，忽略了规章制度，忽略了安全规程和法律法规。

2018年4月10日，陕西省镇安县一辆危爆运输车辆发生爆炸，致7人失联13人受伤；同年6月5日，辽宁省本溪市某矿矿井口发生炸药爆炸事故，造成12人死亡、2人失踪、10人受伤。据现场调查分析发现，两起事故都是由于安全管理不到位、违规操作造成的。

由此可见，目前我国某些区域（省份）在爆破安全管理上还有待加强，不管是从事爆破工程的企业还是公安机关的监管方面都得有所警醒。

二、爆破作业的安全评估

工程爆破一般都会伴随有震动、飞散物、空气冲击波、噪声、有害气体与粉尘等多种有害效应。这些有害效应会对爆区周围人员、建（构）筑物和环境产生较大的影响。爆破作业是危险性很高的特种作业。爆破作业单位和爆破作业人员必须具备相应的资质，才能从事相应的工作。《民用爆炸物品安全管理条例》（国务院令第466号）规定，在城市、风景名胜区和重要工程设施附近实施爆破作业的，爆破作业单位应向爆破作业所在地区的市级人民政府公安机关提出申请，提交《爆破作业单位许可证》和具有相应资质的安全评估企业出具的爆破设计、施工方案评估报告。实施爆破作业时，应由具有相应资质的安全监理企业进行监理。

（一）爆破安全评估与监理

1.爆破安全评估

须经公安机关审批的爆破作业项目，提交申请前，都应进行安全评估。未经安全评估的爆破设计，任何单位不准审批或实施。

经安全评估审批通过的爆破设计，施工时不得任意更改。经安全评估否定的爆破设计，应重新设计，重新评估。施工中如发现实际情况与评估时提交的资料不符，并对安全有较大影响时，应补充必要的爆破对象和环境的勘察及测绘工作，及时修改原设计，重大修改部分应重新上报评估。

安全评估的内容应包括如下方面：

（1）爆破作业单位的资质是否符合规定。

（2）爆破作业项目的等级是否符合规定。

（3）设计所依据的资料是否完整。

（4）设计方法和设计参数是否合理。

（5）起爆网路是否可靠。

（6）设计选择方案是否可行。

（7）存在的有害效应及可能影响的范围是否全面。

（8）保证工程环境的安全措施是否可行。

（9）制订的应急预案是否适当。

2.爆破工程安全监理

经公安机关审批的爆破作业项目，实施爆破作业时，应由具有相应资质的爆破作业单位进行安全监理。

爆破工程安全监理应编制监理方案，并按爆破工程进度和实施要求编制爆破工程安全监理细则，按照细则进行爆破工程安全监理。在爆破工程的各主要阶段竣工完成后，签署爆破工程安全监理意见。

爆破安全监理的内容应包括如下方面：

（1）检查施工单位申报爆破作业的程序，对不符合批准程序的爆破工程，有权停止其爆破作业，并向业主和有关部门报告。

（2）监督施工企业按设计施工，审验从事爆破作业人员的资格，制止无证人员从事爆破作业。发现不适合继续从事爆破作业的人员，督促施工单位收回其安全作业证。

（3）监督施工单位不得使用过期、变质或未经批准在工程中应用的爆破器材。监督检查爆破器材的使用、领取和清退制度。

（4）监督、检查施工单位执行《爆破安全规程》的情况，发现违章指挥和违章作业，有权停止其爆破作业，并向业主和有关部门报告。

（二）爆破作业环境

爆破前应对爆破作业环境（blasting circumstances）进行调查，了解爆区周围的自然条件和环境状况，对有可能危及安全的不利环境因素，采取必要的安全防范措施。爆破作业场所有下列情形之一时，不应进行爆破作业：

（1）岩体有冒顶或边坡滑落危险的。

（2）地下爆破作业区的炮烟浓度超过一定规定的。

（3）爆破会造成巷道涌水、堤坝漏水、河床严重阻塞、泉水变迁的。

（4）爆破可能危及建（构）筑物、公共设施或人员的安全而无有效防护措施的。

（5）硐室、炮孔温度异常的。

（6）作业通道不安全或堵塞的。

（7）支护规格与支护说明书的规定不符或工作面支护损坏的。

（8）距工作面20 m以内的风流中瓦斯含量达到或超过1%，或有瓦斯突出征兆的。

（9）危险区边界未设警戒的。

（10）光线不足，无照明或照明不符合规定的。

（11）未按《爆破安全规程》的要求做好准备工作的。

露天、水下爆破装药前，应与当地气象、水文部门联系，及时掌握气象、水文资料，遇到以下特殊恶劣气候水文情况时，应停止爆破作业，所有人员应立即撤到安全地点。

（1）热带风暴或台风即将来临时。

（2）雷电、暴雨雪来临时。

（3）大雾天气，能见度不超过100 m时。

（4）风力超过8级，浪高大于1.0 m时或水位暴涨暴落时。

采用电爆网路时，应对高压电、射频电等进行调查，对杂散电进行测试。发现存在危险时，应立即采取预防或排除措施。在残孔附近钻孔时应避免凿穿残留炮孔。在任何情况下不应打钻残孔。高温环境的爆破作业，应按《爆破安全规程》的规定执行。

三、起爆安全及盲炮处理

安全可靠地起爆及盲炮处理是爆破施工中不可回避的主要安全问题，无论采取何种爆破网路，都必须切实按照规程进行。早爆（premature explosion）是指炸药比预期时间提前发生爆炸的现象。高压电、雷击、射频电、杂散电流和静电，由于其可在电爆网路中产生电流，故可能引起早爆事故。熄爆（incomplete detonation）和盲炮（misfire）也是爆破工程中经常遇到的问题，是危及人员安全的一个重要因素，如果处理不当，将会引起严重的伤亡事故。

（一）起爆网路安全

1.电力起爆网路

同一起爆网路，应使用同厂、同批、同型号的电雷管；电雷管的电阻值差不得大于产品说明书的规定，电爆网路的连接线不应使用裸露导线，不得利用照明线、铁轨、钢管、钢丝做爆破线路，电爆网路与电源开关之间应设置中间开关。电爆网路的所有导线接头均应按电工接线法连接，并确保其对外绝缘。在潮湿有水的地区，应避免导线接头接触地面或浸泡在水中。起爆电源能量应能保证全部电雷管准爆；用变压器、发电机做起爆电源时，流经每个普通电雷管的电流应满足：一般爆破，交流电不小于2.5 A，直流电不小于2 A；硐室爆破，交流电不小于4 A，直流电不小于2.5 A。用起爆器起爆电爆网路时，应按起爆器说明书的要求连接网路。电爆网路的导通和电阻值检查应使用专用导通器和爆破电桥，导通器和爆破电桥应每月检查一次，其工作电流应小于30 mA。

2.导爆管起爆网路

导爆管网路应严格按设计要求进行连接，导爆管网路中不应有死结，炮孔内不应有接头，孔外相邻传爆雷管之间应留有足够的距离。用雷管起爆导爆管网路时，应遵守下列规定：①起爆导爆管的雷管与导爆管捆扎端端头的距离应不小于15 cm；②应有防止雷管聚能射流切断导爆管的措施和防止延时雷管的气孔烧坏导爆管的措施；③导爆管应均匀地分布在雷管周围并用胶布等捆扎牢固。使用导爆管连通器时，应夹紧或绑牢。采用地表延时网路时，地表雷管与相邻导爆管之间应留有足够的安全距离，孔内应采用高段别雷管，确保地表未起爆雷管与已起爆药包之间的水平间距大于20 m。

3.导爆索起爆网路

起爆导爆索的雷管与导爆索捆扎端端头的距离应不小于15 cm，雷管的聚能穴应朝向导爆索的传爆方向。导爆索起爆网路应采用搭接、水手结等方法连接；搭接时，两根导爆索搭接长度不应小于15 cm，中间不得夹有异物或炸药，捆扎应牢固，支线与主线传爆方向的夹角应小于90°。连接导爆索中间不应出现打结或打圈；交叉敷设时，应在两根交叉导爆索之间设置厚度不小于10 cm的木质垫块或土袋。

4.电子雷管起爆网路

电子雷管网路应使用专用起爆器起爆，专用起爆器使用前应进行全面检查。装药前应使用专用仪器检测电子雷管，并进行注册和编号。应按说明书要求连接子网路，雷管数量应小于子起爆器的规定数量；子网路连接后，应使用专用设备进行检测；应按说明书要求将全部子网路连接成主网路，并使用专用设备检测主网路。

（二）早爆预防

爆破作业中，产生早爆的原因很多，主要是爆破器材质量不合格、杂散电流、静电、雷电、射频电、化学电等的影响，以及高温或高硫介质引起的炸药自燃自爆和误操作等。

1.杂散电流的危害与预防

杂散电流是存在于电流电路以外的杂乱无章的分散电流，其大小、方向随时变化。金属矿区或厂区内都或多或少存在杂散电流，威胁着电爆破作业的安全。杂散电流有直流杂散电流和交流杂散电流两种。杂散电流主要来自架线式电机车牵引网路的漏电动力线路或照明线路的漏电，以及大地自然电流、化学电和电磁波辐射等杂散电流源。

实测表明，杂散电流主要分布在导电物体之间，如矿岩、水管、风管和铁轨之间可能有较大的杂散电流存在，有时可达几安培到十几安培，电力机车停运后可降至1A以下。这就给电爆网路带来了早爆事故的危险性。这类早爆事故在国内外都曾经发生过，因此，采用电起爆方式时，必须预测爆区的杂散电流值及其分布规律，并应采取可靠的技术措施以防杂散电流引起早爆事故。

在测定爆区内的杂散电流时，如果爆区较大，测点比较分散时，一定要设置固定测点和临时测点。对于固定测点，装药前必须在爆区两端、中部及耗电量较多的地点或直流网路的回馈点附近进行定期观测，以掌握杂散电流的变化和分布规律。此外，重点测定对象是金属管道、矿体、岩石和钢轨等物。爆破前的测定时间不得小于爆破作业时间，只有掌握了该时间内杂散电流的变化规律，才有可能设法避开高峰，或在杂散电流高峰期间采取可靠的保安措施。当杂散电流值超过30 mA时，应采取如下预防措施：

（1）减少杂散电流源，如拆除爆区内的金属物或在钢轨接头处引焊铜线以减小架空线回路电阻，清除散落在积水中的炸药，等等。

（2）局部或全部停电。

（3）采用抗杂散电流雷管或非电起爆网路。

2.静电早爆的预防

防止静电早爆的有效技术措施，是设法减少静电源或将已产生的静电电荷导入大地或使用抗静电的起爆器材。例如，提高空气湿度或炸药的含水率；采用半导体输药管或在输药管中加入石墨、烟黑、金属屑等掺料；限制炸药在输药管中的输送速度不超过20 m/s；装药设备部件的有效接地，装药系统的接地电阻不得大于$1 \times 10^5 \Omega$；压气装药结束以后，才将起爆药包放入炮孔中；采用抗静电雷管或其他非电起爆系统。这些措施都能较好地抑制静电的产生或使静电荷疏散与流失。

3.雷电引起的早爆及其预防

在露天爆破作业中，遇有雷雨天气时，雷电可能引起电爆网路的早爆。例如，1992年6月9日，东北某露天铁矿在爆破施工过程中发生一起雷击引起的早爆事故；1992年8月27日，深圳市盐田港某工地在一次硐室爆破的装填过程中，因雷击引起炸药早爆。雷电引起电爆网路早爆的原因有：直接雷击、雷电磁场感应和带电云块的静电感应，尤其雷电磁场的磁力线切割电爆网路而感生的电流，是引起早爆事故的主要原因。

为了防止雷电引起电爆网路的早爆，可采取如下措施：雷雨天气禁止使用电力起爆；爆区附近设置避雷装置系统；尽量缩短联线爆破时间，装药后一旦遇有雷雨，电雷管脚线或支线应开路，并充分绝缘，人员撤离至安全地点；在雷雨季节采用非电起爆系统。

4.射频电流引起的早爆及预防

当爆区附近有广播电台、电视台、中继台、无线电通信台或转播台射频电源时，应充分注意射频感应电流引起电爆网路早爆的可能性，因为发射台的功率一般较大，频率低，特别是535～1605 kHz波段，射频能量在爆破网路中衰减慢，有引起早爆的潜在危险。

预防射频电引起早爆的措施有：查清爆区附近有无射频电源，如有并在危险范围之内时，应采用非电起爆系统；保持爆破网路稍贴地面敷设，避免形成大的圈形回路。

5.化学电及高硫矿床引起的早爆与预防

在金属矿山爆破作业的过程中，大地电或含硫矿床的化学电及高硫化矿高温等有引起早爆的危险。例如，在硫化矿床中采用硝铵炸药爆破，当矿石中的水分在3%～14%、黄铁矿（FeS_2）的含量大于30%、硫酸亚铁与硫化亚铁的铁离子之和大于0.3%时，可能会引起炸药早爆。这主要是由于硝铵炸药与矿粉直接接触，生成的不稳定的硫酸亚铁进一步氧化成硫酸铁，进而与黄铁矿再反应形成铁离子促使其自爆。其实质是上述反应生成的硫酸与硝酸铵作用生成二氧化氮（NO_2）并放出热量的结果，最终导致药包早爆。

预防高硫矿床早爆的措施有：预先测定硫化矿粉的铁离子浓度和含硫量，避免硝铵炸药与矿粉接触，吹干炮孔，改用其他种类炸药，炮孔灌泥浆或降温，缩短装药时间或采用耐高温的爆破器材，等等。

（三）盲炮的处理方法

1.一般规定

①处理盲炮前应由爆破技术负责人定出警戒范围，并在该区域边界设置警戒，处理盲炮时，无关人员不许进入警戒区。

②应派有经验的爆破员处理盲炮，硐室爆破的盲炮处理应由爆破工程技术人员提出方案并经单位技术负责人批准。

③电力起爆网路发生盲炮时，应立即切断电源，及时将盲炮电路短路。

④导爆索和导爆管起爆网路发生盲炮时，应首先检查导爆索和导爆管是否有破损或断裂，发现有破损或断裂的，可修复后重新起爆。

⑤严禁强行拉出炮孔中的起爆药包和雷管。

⑥盲炮处理后，应再次仔细检查爆堆，将残余的爆破器材收集起来统一销毁；在不能确认爆堆无残留的爆破器材之前，应采取预防措施并派专人监督爆堆挖运作业。

⑦盲炮处理后，应由处理者填写登记卡片或提交报告，说明产生盲炮的原因，处理的方法、效果，预防措施。

2.裸露爆破的盲炮处理

①处理裸露爆破的盲炮，可安置新的起爆药包（或雷管）重新起爆或将未爆药包回收销毁。

②发现未爆炸药受潮变质时，则应将变质炸药取出销毁，重新敷药起爆。

3.浅孔爆破的盲炮处理

①经检查确认炮孔的起爆线路完好时，可重新起爆。

②打平行孔装药爆破，平行孔距盲炮孔口不得小于0.3 m。

③用木制、竹制或其他不发生火星的材料制成的工具，轻轻地将炮孔内大部分填塞物掏出，用药包诱爆。

④在安全距离外用远距离操纵的风水管吹出盲炮填塞物及炸药，但必须采取措施，回收雷管。

⑤处理非抗水类炸药的盲炮时，可将填塞物掏出，再向孔内注水，使其失效，但应回收雷管。

⑥盲炮应在当班处理。当班不能处理或未处理完毕，应在现场将盲炮情况（盲炮数目、炮孔方向、装药数量和起爆药包位置、处理方法和处理意见）交接清楚，由下一班继续处理。

4.拆除爆破盲炮处理

①严禁从盲炮中拉出导爆管。

②采取措施消除由于爆破条件变化而出现的不安全因素，在所有人员撤离至安全区域后，方可按常规起爆要求进行第二次起爆。

③从盲炮中收集的未爆药和残留雷管，应在爆破工作领导人同意后及时处理销毁，将每个盲炮的位置、药量及当时的状况逐一记录、存档。

5.深孔爆破盲炮处理

①爆破网路未受破坏且最小抵抗线无变化者，可重新连线起爆；最小抵抗线有变化者，应验算安全距离，并加大警戒范围后连线起爆。

②在距盲炮孔口不小于10倍炮孔直径处另打平行孔装药起爆。爆破参数由爆破工程技术人员确定并经爆破技术负责人批准。

③所用炸药为非抗水炸药且孔壁完好者，可取出部分填塞物，向孔内灌水使之失效，然后做进一步的处理，但应回收雷管。

四、爆破粉尘的产生与预防

随着社会的不断发展，爆破中粉尘对环境的污染问题越来越受到人们的关注，绿色爆破的要求日益强烈。

凿岩、爆破和其他石方开挖生产工序中，都会产生粉尘。生产工序和防尘措施不同，粉尘的数量也不相同。

（一）爆破粉尘理化特性

一般对生产性粉尘的理化特性，用浓度、分散度和化学组成来表征。

（1）浓度。空气中粉尘浓度越高，危害越大。拆除爆破施工作业中，采用干式钻孔时，其作业面周围的粉尘浓度每立方米可达数十毫克，在室内有时每立方米可达上百毫克；采用湿式钻孔，其粉尘浓度仅为干式钻孔的10%左右。爆破产生的粉尘，与凿岩产生的情况相比，虽然与人接触的时间较短，但数量大，爆破后的粉尘浓度每立方米可高达数千毫克，其后逐渐下降。我国某些矿山所进行的测定表明，如无有效的降尘措施，在爆破1 h后，巷道内的粉尘浓度仍高达20～30mg/m³。同时，爆破后所产生的粉尘的扩散范围较大，因此，它不但可能危害工作面的工人，还可能危害正在巷道中进行其他工作的人员。我国规定生产车间作业地带空气中无毒粉尘的最高允许浓度是：含游离二氧化硅10%以上的粉尘和石棉尘为2 mg/m³，其余各种粉尘为10 mg/m³。

（2）分散度。粉尘颗粒的大小，用"分散度"一词来表示。一般同质量的粉尘，颗粒越小，其分散度越大；颗粒越大，其分散度越小。粉尘分散度越大，在空气中悬浮的时间越长，侵入肌体的机会越多，一般认为5μm以下的粉尘，90%以上可侵入肺泡，对人的危害也最大。爆破后，浮游粉尘的分散度，高于湿式凿岩时浮游粉尘的分散度。国外一个测定结果是：湿式凿岩的浮游粉尘的平均直径为1.16μm，爆破后粉尘的平均直径为0.73μm。

（3）化学组成。钻孔及爆破粉尘的化学组成比较复杂。某些无机粉尘（如铅、砷等）其溶解度越大，对人体的危害也越大。粉尘中含有游离二氧化硅越多，对人体危害也越大，长期接触，可使人体引起尘肺的危害。建筑物拆除爆破中，有时还含有沥青、烟尘等可致癌的有害粉尘。

（二）影响爆破粉尘的因素

影响爆破后产尘强度及粉尘分散度的因素很多，主要有以下几方面：

（1）所爆破的岩石的物理性质对产尘强度有很大的影响：岩石硬度越大，爆破后进入空气中的粉尘量也越大。

（2）爆破单位体积的岩石所用的炸药量越多，产尘强度越大。

（3）炮孔深，产尘强度小；炮孔浅，产尘强度大；二次破碎的产尘强度，高于深孔和浅孔的产尘强度。

（4）连续火雷起爆和多段秒差爆破的产尘强度较高；电力起爆时，产尘强度低，微差爆破时，产尘强度更低。

（5）先前形成而附着或堆积在巷道和岩石裂缝中的粉尘数量及分散度越高，爆破后进入空气中的数量亦越大。

（6）岩石表面、巷道周边的潮湿程度和空气湿度越小，则工作面的粉尘浓度越高。爆破前，在巷道壁大量洒水，可使爆破后的空气含尘量下降。

硅肺是尘肺中最严重的一种职业病，当吸入大量游离二氧化硅的粉尘时，可引起肺部发生各种纤维增殖性变化，并逐渐渗及支气管和肺泡周围的组织。硅肺的病程是较缓慢的，早期并没有明显的症状，或仅感到有点胸闷，呼吸不畅，轻微咳嗽，劳动后稍有呼吸困难等症状。随着病情的发展，症状逐渐明显，可出现气短及呼吸困难，胸痛，咳嗽和咳痰加重，且可有大量咳血，并可并发肺结核、慢性支气管炎、肺气肿、肺源性心脏病和干性胸膜炎等。对风钻工、爆破工，应重视硅肺病的预防工作。为了改善工人的劳动条件，必须将工作面通风与排除细粉尘及有害气体直接结合起来。

（三）降低爆破粉尘的一般措施

为了减少钻孔时的粉尘，应采用湿式凿岩。湿式凿岩是高压水经过凿岩机流过水针注射入钢钎到钻头，在钻眼过程中，水与石粉混合成泥浆流出，从而避免了粉尘外扬。据测定，这种方法可降低粉尘量的80%。湿式凿岩应做到先开水后开风，先关风后关水，或水、风同时开启或关闭，尽可能做到使粉尘不飞扬，工作面空气清新。

一些爆破工程采用在工作面喷雾洒水等方法来降低爆破粉尘。所谓喷雾洒水，是在距工作面15～20 m处安装除尘喷雾器，在爆破前2～3 min打开喷水装置，爆破后30 min左右关闭。另一种方法是在工作面前悬挂装水的水袋，盛水数10千克到100千克，水袋中放入少量的炸药，与装药同时起爆，以捕集和凝聚爆破所产生的粉尘。

还应注意的是：在面粉厂、亚麻厂等有粉尘爆炸危险的地点进行爆破作业时，离爆区10 m范围内的空间和表面应做喷水降尘处理。在有煤尘、硫尘、硫化物粉尘的矿井中进行爆破作业，应遵守有关粉尘防爆的规定。

五、爆破安全管理原则

（一）安全第一原则

安全第一原则要求在进行生产和其他活动时把安全工作置于工作的首要位置。即当生产、环境或其他工作与安全发生矛盾时，要以安全为主，生产和其他工作要服从于安全，这就是安全第一原则的实质。

安全第一原则是爆破安全管理的基本原则，也是我国安全生产方针的重要内容。贯彻安全第一原则，就要求企业领导、生产技能或经济职能部门领导和员工把安全第一作为企业的统一认识和行动准则，高度重视爆破安全，以安全为本，将安全当作头等大事来抓，要把保证爆破安全作为完成各项任务、做好各项工作的前提条件，把安全生产作为衡量企业工作好坏的一项基本内容。在爆破设计、规划、施工时应首先想到安全，实时预测、预控安全技术措施，防止事故发生。

坚持安全第一原则，就要建立健全各级安全管理机构和生产责任制，从组织上、思想上、制度上切实把安全生产工作摆在首位，常抓不懈，形成标准化、制度化和经常化的安全生产工作体系。

（二）监督原则

监督原则是设置授权的职能机构和人员严格依照法规对爆破安全生产规范化行为进行监察管理。也就是说，为了保证职工的身体健康和生命财产安全，使爆破安全生产法律、法规、标准和规章制度得到落实，切实有效地实现爆破安全生产，必须设置各级安全生产专职监督管理部门和专兼职人员，赋予必要的权力威严，以保证其履行监督职责，严肃认真地对爆破企业生产中守法和执法的情况进行监督、检查，以发现揭露安全工作中的问题，督促问题的及时解决，或追究和惩戒违章失职行为。

监督主要包括国家监察、行业管理和群众监督等。爆破安全监察是安全生产、专项监督的一种形式，需要做到依法对各部门和企事业单位进行爆破安全监督检查、分析、整改，完善生产技术，搞好安全生产。行业管理是行业管理部门、生产管理部门和企业自身对企业爆破安全生产进行安全管理、检查、监督和指导，通过对安全工作的组织、指挥、计划、决策和控制等过程来实现爆破安全目标，起到安全生产管理的督导作用。群众监督是工会系统组织职工自下而上对爆破安全生产进行监督检查，协助、监督企业行政部门做好安全工作，提高群众遵章守纪的自觉性。

（三）因果关系原则

因果关系原则就是客观事物诸因素之间存在着发生相互作用的起因与结果联系。也就是说，客观事物之间存在某因素诱发另一因素变化的原因关系。

爆破事故是许多因素互为因果而发生连锁作用的最终结果。爆破事故的发生与其原因有着必然的因果关系，事故的因果关系决定了爆破事故发生的必然性，即爆破事故因素及其因果关系的存在决定了爆破事故迟早必然要发生。

一般来说，爆破事故原因分为直接原因和间接原因。直接原因是在时空上最接近事故发生的原因，如人的原因和物的原因；间接原因是事故的关联致因，如爆破设计和控制技术缺陷，劳动组织、操作规范、教育、检查或应急预案不力，等等。

爆破事故的必然性包含着规律性。必然性来自因果关系，因此，应通过深入调查、预测和统计分析爆破事故因素的因果关系，发现爆破事故发生的规律性，找出主要矛盾，预先采取安全控制技术措施，变不安全条件为安全条件，把爆破事故消灭在早期萌芽起因阶段，这就是因果关系原则的实用性。

第三章 岩土工程现场监测技术

随着生产的发展，各类土木工程如雨后春笋般涌现，并朝着高、深、大的方向发展，而岩土工程测试技术是从根本上保证岩土工程勘察、设计、治理、监理的准确性、可靠性以及经济合理性的重要手段。因此，岩土工程特性的准确测试显得更为重要。

第一节 基坑工程监测与报警

一、基坑监测的基本要求

（1）根据设计要求和基坑周围环境编制详细的监测方案，对基坑的施工过程开展有计划的监测工作。监测方案应该包括监测方法和使用的仪器、监测精度、测点的布置、监测周期等，以保证监测数据的完整性。

（2）监测数据的可靠性和真实性。采用监测仪器的精度、测点埋设的可靠性以及监测人员的高素质是保证监测数据可靠性的基本条件。监测数据的真实性要求所有监测数据必须以原始记录为依据。

（3）监测数据的及时性。监测数据须在现场及时处理，发现监测数据变化速率突然增大或监测数据超过警戒值时应及时复测和分析原因。基坑开挖是一个动态的施工过程，只有保证及时监测才能及时发现隐患，采取相应的应急措施。

（4）警戒值的确定。根据工程的具体情况预先设定警戒值，警戒值应包括变形值、内力值及其变化速率。当监测值超过警戒值时，应根据连续监测资料和各项监测内容综合分析其产生原因及发展趋势，全面正确地掌握基坑的工作性状，从而确定是否考虑采取应急补救措施。

（5）基坑监测资料的完整性。基坑监测应该有完整的监测记录，提交相应的图表、曲线和监测报告。

二、基坑监测的目的和内容

由于基坑工程的复杂性和不确定性，现场监测已成为基坑施工过程中必不可少的手段。

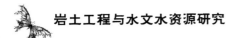

基坑监测的目的是：

第一，确保支护结构的稳定和安全，确保基坑周围的建筑物、道路及地下管线等的安全与正常使用。

第二，指导基坑工程的施工。

第三，验证基坑工程的设计方法，完善基坑工程的设计理论。

基坑工程现场监测的内容分为以下两大部分：

第一，支护体系监测。包括围护桩墙的变形和内力、支撑轴力、立柱变形和内力，围护墙侧向土压力、地下水位等。

第二，周围环境监测。包括邻近道路位移、地下管线位移、建筑物位移、地面沉降、地下水位等项目。

根据基坑开挖的深度等因素，基坑工程的安全等级可分为以下三级：

第一，基坑开挖深度≥12 m或基坑支护结构与主体结构相结合时，属于一级安全等级基坑工程。

第二，基坑开挖深度＜7m时，属于三级安全等级基坑工程。

第三，除一级和三级外的基坑工程，均属于二级安全等级基坑工程。

（一）变形监测

基坑开挖导致土中应力释放，必定会引起邻近基坑周围土体的变形，过量的变形将影响邻近建筑物和地下管线的正常使用，甚至导致破坏。因此，必须在基坑施工期间对支护结构、土体、邻近建筑物和地下管线的变形进行监测，以便及时采取防范措施。

（二）沉降监测

沉降监测主要采用精密水准仪，监测的范围宜从基坑边线起到开挖深度的1～3倍的距离。

1.基准点设置

基准点设置以保证其稳定可靠为原则，在监测基坑四周适当的位置，必须埋设3个沉降监测基准点。沉降基准点必须设置在基坑开挖影响范围之外的（至少大于5倍基坑开挖深度）基岩或原状土层上，也可设置在沉降稳定的建筑物或构筑物的基础上。基准点可根据不同情况进行设置。

2.邻近建筑物沉降监测

基坑开挖引起相邻房屋沉降的现场监测具有测点数量多、监测频度高（通常每天一次）、监测周期较短（一般为数月）等特点。监测点应尽量设置在监测建筑物有代表性的部位，布点范围应能全面反映监测建筑物的不均匀沉降，每栋建筑物的变形监测点不宜少于3个，同时，监测点的设置必须便于监测，且不宜遭到破坏。

建筑物监测标志构造通常有以下几种形式：

（1）设备基础监测点。一般利用锚钉和钢筋来制作。标志形式有垫板式、弯钩式、燕尾式、U字式。

（2）桩基础监测点。对于钢筋混凝土柱，在标高±0.000以上10～50 cm处凿洞，将弯钩形监测标志水平向插入，或用角铁呈60°角斜向插入，再以1：2水平砂浆充填。

（3）钢柱监测标志。用铆钉或钢筋焊接在钢柱上。

3. 地表沉降监测

地面沉降监测主要采用精密水准测量（二等水准测量）的方法。在一个测区内，应设置3个以上基准点，基准点要设置在距离基坑开挖深度5倍距离以外的稳定地方。在基坑开挖前可采用Φ15 mm左右、长1～1.5 m的钢筋，将其打入地下，地面用混凝土加固，作为基准点。

4. 地下管线沉降监测

查明管线距基坑的距离，并考虑管线的重要性及对变形的敏感性来确定监测点设置。管线监测点可用抱箍直接固定在管道上，标志外可砌筑窨井。

上水、燃气、暖气等压力管线应将监测点直接设置在管线上，也可以利用阀门开关、抽气孔及检查井等管线设备作为监测点。

5. 土体分层沉降监测

土体分层沉降是指离地面不同深度处土层的沉降或隆起，通常用磁性分层沉降仪测量。通过在钻孔中埋设一根硬塑料管作为引导管，再根据需要分层埋入磁性沉降环，用测头测出各磁性沉降环的初始位置。在基坑施工过程中分别测出各沉降环的位置，便可算出各层土的压缩量。

三、监测仪器和方法

基坑工程施工现场监测的内容包括围护结构和相邻环境。围护结构中包括围护桩墙、支撑、围檩和圈梁、立柱、坑内土层等部分。相邻环境中包括相邻土层、地下管线、相邻房屋等部分。

（一）肉眼观察

肉眼观察是不借助任何测量仪器，而用肉眼凭经验观察获得对判断基坑稳定和环境安全性有用的信息。这是一项十分重要的工作，须在进行其他使用仪器的监测项目前由有一定工程经验的监测人员进行。观察内容主要包括围护结构和支撑体系的施工质量、围护体系是否有渗漏水及其渗漏水的位置和多少、施工条件的改变情况、坑边堆载的变化、管道渗漏和施工用水的不适当排放及降雨等气候条件的变化对基坑稳定和环境安全性关系密切的信息。同时，须加强基坑周围的地面裂缝、围护结构和支撑体系的工作失常情况、邻近建筑物和构筑物的裂缝、流土或局部管涌现象等工程隐患的早期发现工作，以便发现隐患苗头及时处理，尽量减少工程事故的发生。这项工作应与施工单位的工程技术人员配合进行，并及时交流信息和资料，同时记录施工进度与施工工况。相关内容都要详细地记录在监测日记中，重要的信息则须写在监测报表的备注栏内，发现重要的工程隐患则要专门做监测备忘录。

（二）围护墙顶水平位移和沉降监测

围护墙顶沉降监测主要采用精密水准仪测量，在一个测区内应设3个以上基准点，基准点要设置在距基坑开挖深度5倍距离以外的稳定地方。

在基坑水平位移监测中，在有条件的场地，用轴线法亦即视准线法比较简便。采用视准线法测量时，须沿欲测量的基坑边线设置一条基准线，在该线的两端设置工作基点A、B。在基线上沿基坑边线按照需要设置若干测点，基坑有支撑时，测点宜设置在两根支撑的跨中。也可用小角度法用经纬仪测出各测点的侧向水平位移。各测点最好设置在基坑圈梁、压顶等较易固定的地方，这样设置方便，不易损坏，而且能真实反映基坑侧向变形。测量基点A、B，须设置在离基坑一定距离的稳定地段，对于有支撑的地下连续墙或大孔径灌注桩这类围护结构，基坑角点的水平位移通常较小，这时可将基坑角点设为临时基点C、D，在每个工况内可以用临时基点监测。变换工况时用基点A、B测量临时基点C、D的侧向水平位移，再用此结果对各测点的侧向水平位移值做校正。

由于深基坑工程场地一般比较小，施工障碍物多，且基坑边线也并非都是直线，因此，基准线的建立比较困难，在这种情况下可用前方交会法。前方交会法是在距基坑一定距离的稳定地段设置一条交会基线，或者设两个或多个工作基点，以此为基准，用交会法测出各测点的位移量。

围护墙顶沉降和水平位移监测的具体方法及仪器可参阅工程测量方面的图书和规范。

此外，还有深层水平位移测量、土体分层沉降测试、基坑回弹监测、土压力与孔隙水压力监测、支挡结构内力监测、土层锚杆试验和监测、地下水位监测和相邻环境监测等，由于篇幅有限，这里就不再赘述了。

四、预警值和预警制度

在基坑工程监测中，每一监测项目都应根据工程的实际情况、周边环境和设计要求，事先确定相应的警戒值，以判断位移或受力状况是否会超过允许的范围，判断工程施工是否安全可靠，是否须调整施工步骤或优化原设计方案。

一般情况下，每个警戒值应由两部分控制，即总允许变化量和单位时间内允许变化量。

1.监测警戒值确定的一般原则

（1）满足设计计算的要求，不可超出设计值，通常以支护结构内力控制。

（2）满足现行相关规范、规程的要求，通常以位移或变形控制。

（3）满足保护对象的要求。

（4）在保证工程和环境安全的前提下，综合考虑工程质量、施工进度、技术措施和经济等因素。

2.警戒值的确定

确定警戒值时还要综合考虑基坑的规模、工程地质和水文地质条件、周围环境的重要程度以及基坑施工方案等因素。确定预警值主要参照现行相关规范和规程的规定值、经验类比值以及设计预估值这三方面的数据。随着基坑工程经验的积累和增多，各地区的工程管理部门以地区规范、规程等形式对基坑工程预警值做了规定，其中，大多警戒值是最大允许位移或变形值。

3.施工监测报警

在施工险情预报中，应综合考虑各项监测内容的量值和变化速度，结合对支护结构、场地地质条件和周围环境状况等的现场调查做出预报。设计合理可靠的基坑工程，在每一工况的挖土结束后，表征基坑工程结构、地层和周围环境力学性状的物理量应随时间渐趋稳定；反之，如果监测得到的表征基坑工程结构、地层和周围环境力学性状的某一种或某几种物理量，其变化随时间不是渐趋稳定，则可认为该基坑工程存在不稳定隐患，必须及时分析原因，采取相关的措施，保证工程安全。

报警制度宜分级进行，如深圳地区深基坑地下连续墙安全性判别标准给出了安全、注意、危险三种指标，达到这三类指标时，应分别采取不同的措施。

达到警戒值的80%时，口头报告施工现场管理人员，并在监测日报表上提出报警信号。

达到警戒值的100%时，书面报告建设单位、监理和施工现场管理人员，并在监测日报表上提出报警信号和建议。

达到警戒值的110%时，除书面报告建设单位、监理和施工现场管理人员，应通知项目主管立即召开现场会议，进行现场调查，确定应急措施。

第二节　滑坡地质灾害的监测

一、滑坡地质灾害概述

滑坡是自然界常见的山坡变形现象。由于种种原因，部分山体缓慢或急速地向下滑移，会破坏村庄、房屋、道路和农田等，给人类的生命财产造成极大危害。如1963年意大利某水库滑坡，将坝高265 m的水库填满，造成浪高100 m，洪水从坝顶越过，冲毁下游5个村庄，死亡2000多人。1983年印度某河岸发生大滑坡，堵塞了整个河道，堆成长数千米、高200多米的堤坝，一年后洪水越顶，冲毁下游两岸许多村庄，人畜死伤不计其数。日本是个多滑坡国家，公路和铁路干线深受其害，如1962年北海道滑坡，将行驶中的公共汽车推入海中，死伤数十人；1967年北陆铁路干线滑坡，将机车推入大海，并破坏了数十栋民房，造成极大的经济损失。

我国滑坡主要分布于西南、中南和华东地区，如长江三峡地区有许多超巨型滑坡，严重威胁着长江航道的安全。其中，有名的新滩滑坡体积约3000万 m^3，1985年产生滑动时将整个新滩镇推入长江，引发涌浪高达50多米，击浪影响范围上下游各10余千米，造成部分渔船翻沉。该处滑坡因事先做好监测，并进行准确的预报，滑动前动员全镇居民及时撤离，才没有造成大量人员伤亡。1980年6月发生于湖北盐池河磷矿的滑坡，体积约100万 m^3 的岩体，从高约150 m的山腰滑入矿区，将全矿区280多人全部埋葬于滑坡体下。[①]

二、滑坡的监测

滑坡的监测是指通过对滑坡的动态观测，判断滑坡的发展发育阶段，并进行防灾减灾预报。滑坡的动态观测包括滑坡位移观测和滑坡水文地质观测。

滑坡位移观测可以对滑坡发育的不同阶段的位移进行分析，编制滑坡水平位移矢量图及累计水平位移矢量图，随时掌握滑坡的发展趋势。对经过整治的滑坡进行观测，可以检查整治效果，积累整治经验。位移观测主要通过布桩观测来进行。对大型滑坡或滑坡群，也可借助地理信息系统的地形数据进行综合判断。位移观测包括滑坡体整体变形和开裂变形。

观测网的布置可以有十字交叉网、放射网、三角网和任意方格网等，主要依据当地的地形条件和滑坡特征选用。位移观测可以通过埋设观测桩和参照实地建筑物进行。用于长期观测网的观测桩一般可用就地灌注混凝土桩，桩顶外露10 cm。观测桩包括置镜点和照准点桩、水准基点桩、位移观测桩。水准基点桩应设置在滑体周界外侧的稳定土层中。

由于地下水和地表水对滑坡的影响至关重要，因此，通过滑坡的水文地质观测，掌握地下水和地表水的变化规律，为滑坡的排水防渗工程设计提供依据尤显重要。水文地质观测的内容主要包括：滑坡地段自然沟壑、截排水沟中的地表水流量随时间的变化情况，滑坡体内地下水位、水量、水温、气温等变化规律。水文地质观测资料应和位移观测资料一起作为综合分析的依据。

根据滑坡监测资料，用预测预报的方法，采取非工程措施，减轻预防滑坡可能产生的危害。滑坡预报包括可能性区域预报和滑坡点预报。可能性区域预报主要根据降雨和地震

① 王松龄，丰明海. 滑坡区岩土工程勘察与整治 [M]. 北京：中国铁道出版社，2001.

的情况预报滑坡可能发生的区域。滑坡发生的时间预报分为中长期预报、短期预报和临滑预报。具体判别指标和程序可参考相关文献。

（一）变形监测

变形监测包括地面位移监测、岩土体内部变形和滑动面位置监测、收敛量测。

1.地面位移监测

主要采用经纬仪、水准仪或光电测距仪、全站仪重复观测各测点的位移方向和水平、铅直距离等，以此来判定地面位移矢量及其随时间的变化情况。测点可根据具体条件和要求布置成不同形式的线、网，在地质条件较复杂和位移较大的部位测点应适当加密。近年来，航空摄影测量、全球卫星定位系统（GPS）和时域分布光纤传感技术（time domain reflectometry，简称TDR）已经在国内地质灾害监测中得到较普遍应用。

对规模较大的滑坡或重要的高切坡坡面进行位移监测是为了了解滑体地表水平变形和垂直变形情况以及滑体滑动方向，采用TOPCOM GPS自动监测系统已经取得了良好的监测效果。GPS自动监测系统是将卫星定位技术、光纤技术、计算机技术集成的系统，由GPS基准站、GPS监测站、光纤技术及中心站组成，其监测精度可达2 mm。

红外线CCD成像相对位移监测技术在滑坡监测中也得到了推广应用，其监测构成如图3-1所示。图中，A是红外线光源（一个可发出红外光的灯泡，被固定在测点上），B为光学聚焦系统，C为靶标（CCD），B和C被固定在基准位置，测量时红外线光源发出的红外光线被B光学聚焦系统接收并聚焦，聚焦后的光线照射到靶标（CCD）的某一位置并产生相应的电信号，此信号经RS-485总线、GPRS - TUD传输到终端服务器进行解码还原为实际测点位移值。

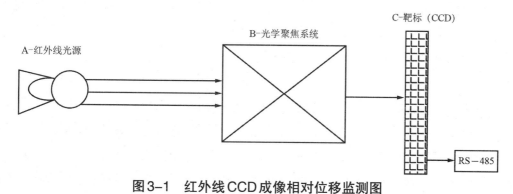

图3-1 红外线CCD成像相对位移监测图

地面位移监测结果应整理出位移—时间关系曲线图和各测点的位移矢量图，并以此来分析滑坡或工程边坡的稳定性发展趋势，做出临滑预报。

2.岩土体内部变形和滑动面位置监测

准确确定滑动面的位置是进行滑坡稳定性分析和整治的前提条件，对于处于蠕滑阶段

岩土工程与水文水资源研究

的滑坡效果尤为显著。

除借助钻孔完成监测的管式应变计、倾斜计、位移计等传统方法外，还有BOTDR监测新技术应用。

管式应变计监测是在聚氯乙烯管上隔一定距离贴电阻应变片，随后将其埋置于钻孔中，用于测量由于滑坡滑动引起聚氯乙烯管子的变形。安装变形管时，必须使应变片正对着滑动方向。测量结果能显示滑坡体不同深度随时间的位移变形情况以及滑动面（带）的位置。

倾斜计监测是一种量测滑坡引起钻孔弯曲的装置，可以有效地了解滑动面的深度。此装置有插入型和定置型两种。插入型是由地面悬挂一个传感器至钻孔中，量测预定各深度的弯曲；定置型是在钻孔中按深度装置固定的传感器。根据其监测结果能判断滑动面（带）的深度。

位移计监测是一种通过测量金属线伸长来确定滑动面位置的装置，一般采用多层位移计量测试，将金属线固定于孔壁的各层位上，末端固定于滑床上。用此监测结果可以判断滑动面（带）深度和滑坡体随时间的位移变化。

除以上传统监测方法外，近年来对岩土体内部变形（如岩溶地面塌陷、基坑工程）及其滑坡体深部位移（或滑动面位置）的监测，固定式测斜仪、TDR分布式光纤传感技术已被普遍应用。

3.收敛量测

收敛量测是直接量测岩体表面两点间的距离改变量。通过收敛量变化可以了解硐室壁面间的相对变形和工程边坡上张裂缝的发展变化，并对工程稳定性趋势做出评价，对破坏时间做出预报。

工程边坡的张裂缝量测方法比较简单，一般在裂缝两侧埋设固定点，用钢尺等直接量测，如三峡链子崖危岩体上几条张裂缝的监测就用到了这种方法。

洞室壁面收敛量测则需要专用的收敛计量测试。收敛量测时，首先要选择代表性洞段，量测前在壁面设置测桩，收敛计的选择可根据量测方向、位移大小、量测精度确定。收敛计分垂直方向收敛量测、水平方向收敛量测、倾斜方向收敛量测三种。其中，垂直收敛计量测硐室顶、底板之间的相对变形，可使用悬挂型和螺栓型收敛计；水平收敛计常用带式收敛计和钢尺式收敛计，在跨度不大的洞室中使用方便，量测精度较高，比较适用，但对于跨度较大的硐室，收敛计的挠曲变形会使量测精度降低；可视硐室观察情况选用新的量测方法倾斜方向的变形量测，可使用水平收敛计，但收敛计与测桩间应改为球铰连接方式，以适应不同方向量测的要求。

（二）应力量测

对工程兴建过程中和兴建之后岩土体内部应力进行量测，其量测结果可用于监测工程的安全性，也可检验计算模型和计算参数的适用性和准确性。通常，岩土体内部应力量测主要指对房屋建筑物基础底面与地基土的接触压力、挡土结构上的土压力、硐室的围岩压力等岩土压力的量测。

第三节　道路地基沉降变形观测

一、地基沉降监测概述

（一）沉降监测的基本内容

沉降监测是变形监测中一项重要的监测内容。单从字面意义上来说，"垂直位移"能同时表示建筑物的下沉或上升，而"沉降"只能表示建筑物的下沉。对于大多数建筑物来说，特别是在施工阶段，由于垂直方向上的变形特征和变形过程主要表现为沉降变化，因此，实际应用中通常采用"沉降"一词。在各种不同的条件下和不同的监测时期，被测对象在垂直方向上高程的变化情况可能不同，当采用"沉降"一词时，"沉降"实际表达的是一个向量，即沉降量既有大小又有方向。如本期沉降量的大小等于前一期观测高程减去本期观测高程所得差值的绝对值，沉降的方向则用差值自身的正负号来表示，差值为"+"时表示"下沉"，差值为"-"时表示"上升"。

建筑物的沉降与地基的土力学性质和地基的处理方式有关。建筑物的兴建，对地基施加了一定的外力，破坏了地表和地下土层的自然状态，必然引起地基及其周围地层的变形，沉降是变形的主要表现形式。沉降量的大小首先与地基的土力学性质有关，如果地基土具有较好的力学特性，或建筑物的兴建没有过大破坏地下土层的原有状态，沉降量就可能较小；否则，沉降量就可能较大。其次，如果地基的土质较差，是否对地基进行处理和处理的方式不同，将严重影响沉降量的大小，也将影响工程的质量。

建筑物的沉降与建筑物基础的设计有关。地基的沉降必然引起基础的沉降，当地基均匀沉降时，基础也会均匀沉降；当地基产生不均匀沉降时，基础也会随之出现不均匀沉降，基础的不均匀沉降可能导致建筑物的倾斜、裂缝甚至破坏。对于一定土质的地基，不同形式的基础其沉降效应可能不同。对于一定的基础，若地基土质不同其沉降差异很大。因此，设计人员一般要通过工程勘察和分析等工作，掌握地基土的力学性质，进行合理的基础设计。

建筑物的沉降与建筑物的上部结构有关，即与建筑物基础的荷载有关。随着建筑物的施工进程，不断增加的荷载对基础下的土层产生压缩，基础的沉降量会逐渐加大。但荷载对基础下土层的压缩是逐步实现的，荷载的快速增加并不意味着沉降量在短期内会快速加大；同样，荷载的停止增加也不意味着沉降量在短期内会立即停止增加。一般认为，建筑在沙土类土层上的建筑物，其沉降在荷载基本稳定后已大部分完成，沉降趋于稳定；而建筑在黏土类土层上的建筑物，其沉降在施工期间仅完成了一部分，荷载稳定后仍会有一定的沉降变化。

建筑物施工中，引起地基和基础沉降的原因是多种多样的，除了建筑物地基、基础和上部结构荷载的影响，施工中地下水的升降对建筑物沉降也有较大的影响，如果施工周期长，温度等外界条件的强烈变化有可能改变地基土的力学性质，导致建筑物产生沉降。

上述讨论的沉降及其原因主要指建筑物施工对自身地基和基础的影响。实际上，建筑物的施工活动，如降水、基坑开挖、地下开采、盾构或顶管穿越等，对周围建筑物的地基也有一定的影响。工作中不仅要考虑建筑物施工对自身沉降的影响，还要考虑建筑物施工对周围建筑物沉降的影响，沉降监测不仅要监测建筑物自身的沉降，还要监测施工区周围建筑物的沉降。还有一部分建筑物，如堤坝、桥梁、位于软土地区的高速公路和地铁等，其沉降不仅在施工中存在，而且由于受外界因素如水位、温度、动力等影响，在运营阶段也长期存在，对这些重要建筑物，应该进行长期的沉降监测。

沉降监测就是采用合理的仪器和方法测量建筑物在垂直方向上高程的变化量。建筑物沉降是通过布置在建筑物上的监测点的沉降来体现的，因此，沉降监测前首先需要布置监测点。监测点布置应考虑设计要求和实际情况，要能较全面地反映建筑物地基和基础的变形特征。沉降监测一般在基础施工时开始，并定期监测到施工结束或结束后一段时间，当沉降趋于稳定时停止，重要建筑物有的可能要延续较长一段时间，有的可能要长期监测。为了保证监测成果的质量，应根据建筑物的特点和监测精度要求配备监测仪器，采用合理的监测方法。沉降监测需要有一个相对统一的监测基准，即高程系统，以便于监测数据的计算和监测成果的分析。因此，沉降监测前还应该进行基准点的布置和观测，对其稳定状况进行分析和评判。

定期地、准确地对监测点进行沉降监测，可以计算监测点的累积沉降量、沉降差、平均沉降量（沉降速率），进行监测点的沉降分析和预报，通过相关监测点的沉降差可以进一步计算基础的局部相对倾斜值、挠度和建筑物主体的倾斜值，进行建筑物基础局部或整体稳定性状况分析和判断。当前，在建筑物施工或运营阶段进行沉降监测，其首要目的仍是保证建筑物的安全，通过沉降监测发现沉降异常和安全隐患，分析原因并采取必要的防范措施；其次是研究的目的，主要用于对设计的反分析和对未来沉降趋势的预报。

（二）地基沉降的基础概述

1.地基沉降的因素

基础沉降的原因是地基土压塑性不均匀、荷载分布差异过大和砌体结构处理不当等。

因此，砌体的沉降及裂缝常发生于下列情况：

①地基土的压塑性有明显的差异处，尤其是存在着局部软弱地基时。

②分批建造房屋新旧交接处。

③建筑物的高度差异或荷载差异较大处。

④建筑结构或基础类型不同处。

⑤建筑平面的转角部位。

⑥建筑物使用维护不当，如地面大量堆积材料及地下水大量侵入地基等。

在不同的条件下，建筑物的地基沉降数值、速度、发展趋势等特征差异较大，在沉降的数值上，良好的地基最终沉降值仅有数毫米，而软弱地基最终沉降值可达数十厘米，在沉降速度上，对于砂类土等良好的地基土，施工期间，沉降发展有时就基本完成，对于低压塑性砂类地基土，在施工期可完成最终沉降的 $50\% \sim 80\%$，对于中压塑性的黏性土为 $30\% \sim 50\%$，对于高压塑性的黏性土仅为 $10\% \sim 30\%$，在沉降发展趋势上，正常的沉降速度随着时间逐渐降低直至稳定。

2.地基沉降观测的意义

地基的沉降可以通过计算和观测这两条渠道来加以判断，它的计算准确性与岩土勘察及计算理论等多方面因素有关。对建筑物进行系统的沉降观测，可以及时正确地掌握基础和结构的沉降情况。它除了在科学研究上具有验证有关理论的作用，在设计施工上具有检查设计、施工质量的意义外，对建筑结构修缮处理或扩建也具有重要的意义。通过沉降与时间关系的观测，可以预计沉降是否有稳定的趋势，估计未来一段时间的沉降值和沉降稳定时间及最终沉降值，从而及时发现问题，及时正确进行处理。

3.地基沉降观测的方法

基准点是沉降观测的依据，为使基准点地基不受建筑材料沉降的影响，并考虑到基准点自身的校核条件，结合现场情况，确定埋设二点基点标志。利用中华人民共和国自然资源部国土测绘司埋设的BM水准点高程，作为起始高程依据，完成主体当年开始进行沉降观测。

地基的沉降、基础的沉降、上部结构的沉降，三者之间有着本质的联系，这些特性是相近的，但并不是等同的。因此，进行沉降观测时，一般将沉降观测点设在基础的顶面，随着观测目的的不同，必要时也有在上部结构上设沉降观测点的。对重要的、有代表性的房屋和结构物，或使用上对不均匀沉降有严格限制的工程，应进行系统的沉降观测。

沉降观测要点如下：

①房屋和结构物沉降观测的每一个区域，必须有足够数量的水准点，最少不应少于两

个，观测点的高程测量误差不超过 1 mm。

②水准点可按实际要求采用深埋式或浅埋式两种。

③不同结构物用不同的观测点，砖墙承重房屋的观测点的布设，一般可沿墙长度 10 m 左右设置一处，应选择在转角处、纵横墙交接处及纵横墙中央。对设计有沉降缝的两侧也应设观测点。对烟囱、水塔，可沿周边对称设置。框架式结构建筑物，在柱基设观测点。

④沉降观测宜用高精密水准仪及钢水准尺进行。水准测量应采用闭合法，其误差应符合二等水准测量为 $\pm 0.4\sqrt{n}$ mm（n 为测站数）。

至于测量沉降的时间间隔，应视沉降量的大小和沉降速度而定。正常情况下，竣工后第一年观测 4 次，第二年观测 2 次，以后每年观测一次，直至沉降稳定为止。观测的稳定时间一般大致为：砂类地基土为 2 年，黏性土地基为 5 年，软土地基为 10 年。除了定期的观测外，在特殊情况下，应增加观测次数，如沉降速度很快或结构接近危险状态时，应逐日进行观测。

观测结果的整理，应根据有关要求绘制沉降在平面上的分布图，沉降、荷载与时间关系曲线，计算地基基础的平均沉降量和相对沉降量，相对弯曲和相对倾斜等。地基变形的分析评定，一般以设计规范规定的允许值为参数，或以实际存在危害和预计未来沉降产生的危害程度为标准。一般情况下，沉降值小于设计规范规定的允许数值，则认为沉降变形是正常的。如大于这个值，则应进一步具体分析实际存在的危害，并预计未来沉降可能产生的危害，从而及时采取措施对地基基础进行必要的维护或加固。当然，地基变形对建筑物的实际危害，还须根据具体情况做深入调查了解，适当估计对建筑物的危害。根据地基条件、基础形式、上部结构的适应能力、使用上的要求等不同的具体条件具体分析地基变形对上部结构的安全承载方面的影响。

二、道路地基沉降变形观测的基本方法

目前道路软土地基沉降观测按观测方式不同主要分为两大类：单点沉降观测方式和横剖面沉降观测方式。单点沉降观测方式即根据设计要求以及工程实际，布设观测点，通过对各观测点进行沉降观测来获得沉降变形数据。单点沉降观测方式有沉降板观测法、分层沉降仪观测法、位移观测桩观测法、水管式沉降仪观测法等。横剖面沉降观测方式当前应用得不多，主要是由测斜系统改进而来，将沉降变形观测管铺设于观测断面的软土地基顶面，期望其与软基协调变形，随着时间的推移，沉降变形观测管的轴向变形将会反映出软土地基的横剖面沉降变形情况，通过二次观测仪来读取沉降变形观测管的轴向变形来间接反映软土地基的沉降变形情况。

1.沉降板观测法

沉降板观测法是一种较为传统的监测方法，在公路软土地基监测中较为常见。沉降板观测系统包括沉降板与水准仪，沉降板由混凝土底板、钢管测杆、接头组成。沉降板的混凝土底板与钢管测杆用钢接在一起，而钢管测杆又难以压缩，因此，钢管测杆顶部相对高程变化是与沉降板底部一致的。水准仪用来测量测杆顶部高程。沉降板初次埋设成功后，须测取管顶的高程作为初始高程，其后每观测周期所测得的高程与前次高程差值即为沉降板底部以下地基在观测周期内的沉降值。

沉降板在路基施工之前埋设，在预压土卸载时随预压土一起撤除。沉降板由钢筋混凝土底板、测杆和保护套管组成。测杆与底板固定在垂直位置上，保护管采用塑料套管，套管尺寸以能套住测杆并使标尺能进入为宜，随着填土的增高，测杆和套管亦相应接高，每节长不超过50 cm。接高后测杆顶面应略高于套管上口，测杆顶用顶帽封住管口，避免填料落入管内而影响测杆下沉的自由度，顶帽高出碾压面高度不大于50 cm。

沉降板测量法即每次监测时用水准仪将内管管头与基点联测，从而得到内管管头的相对标高。其沉降管随施工的进展逐渐接高，直至最终路面结构施工完成后露出路面，做保护筒成为永久性监测点。

2.沉降仪观测法

分层沉降仪操作方便，应用广泛，本仪器由钢尺沉降仪、PVC沉降管、沉降磁环及底盖组成。

分层沉降仪由两大部分组成：一部分是地下埋入部分，由沉降导管和底盖、沉降磁环组成；另一部分是地面接收仪器——钢尺沉降仪，由探头、测量电缆、接收系统和绕线盘等组成。

探头：不锈钢制成，内部安装了磁场感应器，当遇到外磁场作用时，便会接通接收系统，当外磁场不作用时，就会自动关闭接收系统。

测量电缆：由钢尺和导线采用塑胶工艺合二为一，既防止了钢尺锈蚀，又简化了操作过程，测读更加方便、准确。钢尺电缆一端接入探头，另一端接入接收系统。新接收系统由音响器和峰值指示组成，音响器发出连续不断的蜂鸣声响，峰值指示为电压表指针指示，两者可通过拨动开关来选用，不管用何种接收系统，测读精度是一致的。

绕线盘：由绕线圆盘和支架组成，接收系统和电池全置于绕线盘的芯腔内，腔外绕钢尺电缆。

沉降导管：由PVC工程塑料制成，包括主管和连接管，连接管套于两节主管接头处，起着连接固定的作用。

底盖：安装在沉降导管的底端和顶端，能有效地防止泥沙进入或异物掉入管内，从而避免影响测量。

3.位移观测桩观测法

观测桩法多应用于路基边坡，也称为观测边桩，作为路堤两侧工作边桩以记录路基的横向及竖向位移，通过观测路基边坡坡脚的位移频率来控制路基填土速率。

由于观测边桩设置在路基坡脚外侧，地基土上无填筑土体，因此，观测边桩即观测路基坡脚处的地基面竖向位移。

位移边桩埋设后须用具有一定精度的全站仪测定其顶部的初始标高值，然后每隔一个观测周期测定一次标高值。因此，位移边桩的竖向沉降观测值即为位移边桩底部以下所有土层的沉降压缩值。

第四节　隧道地下工程监测与方案设计

一、地下工程监测的目的和意义

1.提供监控设计的依据和信息

建设地下工程，必须事前查明工程所在地岩体的产状、性状以及物理力学性质，为工程设计提供必要的依据和信息，这就是工程勘察的目的。但地下工程是埋入地层中的结构物，而地层岩体的变化往往又千差万别，因此，仅仅靠事前的露头调查及有限的钻孔来预测其动向，常常不能充分反映岩体的产状和性状。此外，目前工程勘察中分析岩体力学性质的常规方法是用岩样进行室内物理力学试验。众所周知，岩块的力学指标与岩体的力学指标有很大不同，因此，必须结合工程，进行现场岩体力学性态的测试，或者通过围岩与支护的变位与应力量测反推岩体的力学参数，为工程设计提供可靠依据。当然，现场的变位与应力量测不只是为了提供岩体力学参数，它还能提供地应力大小、围岩的稳定度与支护的安全度等信息，为监控设计提供合理的依据和计算参数。

2.指导施工，预报险情

在国内外的地下工程中，利用施工期间的现场测试，预报施工的安全程度，是早已采用的一种方法。对那些地质条件复杂的地层，如塑性流变岩体、膨胀性岩体、明显偏压地层等，由于不能采用以经验作为设计基准的惯用设计方法，所以施工期间须通过现场测试和监视，以确保施工安全。此外，在拟建工程附近有已建工程时，为了弄清并控制施工的影响，有必要在施工期间对地表及附近已建工程进行测试，以确保已建工程安全。

3.作为工程运营时的监视手段

通过一些耐久的现场测试设备，可对已运营的工程进行安全监视，这样可对接近危险值的区段或整个工程及时进行补强、改建，或采取其他措施，以保证工程安全运营，这是一个在更大范围内受到重视和被采用的现场测试内容。如我国一些矿山井巷中利用测杆或滑尺来测顶板的相对下沉，当顶板相对位移达到危险值时，电路系统即自动报警。

4.用作理论研究及校核理论，并为工程类比提供依据

以前地下工程的设计完全依赖经验，但随着理论分析手段的迅速发展，其分析结果越来越被人们所重视，因而对地下工程理论问题的物理方面——模型及参数，也提出了更高的要求，理论研究结果须经实测数据检验。因此，系统地组织现场测试，研究岩体和结构的力学形态，对于发展地下工程理论具有重要意义。

二、地下工程监测的内容与项目

1.现场观测

现场观测包括掌子面附近的围岩稳定性、围岩构造情况、支护变形与稳定情况及校核围岩分类。

2.岩体力学参数测试

岩体力学参数测试包括抗压强度、变形模量、黏聚力、内摩擦角及泊松比。

3.应力应变测试

应力应变测试包括岩体原岩应力，围岩应力、应变，支护结构的应力、应变及围岩与支护和各种支护间的接触应力。

4.压力测试

压力测试包括支撑上的围岩压力和渗水压力。

5.位移测试

位移测试包括围岩位移（含地表沉降）、支护结构位移及围岩与支护倾斜度。

6.温度测试

温度测试包括岩体温度、洞内温度及气温。

7.物理探测

物理探测包括弹性波（声波）测试和视电阻率测试。

上述监测项目，一般分为必测项目和选测项目，如表3-1所示。

表3-1　隧道现场监控量测项目及量测方法

序号	项目名称	方法及工具	布置	量测间隔时间			
				1～15 d	16 d～1个月	1～3个月	大于3个月
1	地质和支护状况观察	岩性、结构面产状及支护裂缝观察或描述，地质罗盘等	开挖后及初期支护后进行	每次爆破后进行			
2	周边位移	各种类型收敛计	每10～50 m一个断面，每断面2～3对测点	1～2次/d	1次/2d	1～2次/周	1～3次/月
3	拱顶下沉	水平仪、水准尺、钢尺或测杆	每10～50 m一个断面	1～2次/d	1次/2d	1～2次/周	1～3次/月
4	锚杆或锚索内力及抗拔力	各类电测锚杆、锚杆测力计及拉拔器	每10 m一个断面，每个断面至少做3根锚杆	—	—	—	—
5	地表下沉	水平仪、水准尺	每5～50 m一个断面，每条断面至少7个测点；每条隧道至少两个断面；中线每5～20 m一个测点	开挖面距量测断面前后＜2B时，1～2次/d；开挖面距量测断面前后＜5B时，1次/2d；开挖面距量测断面前后＞5B时，1次/周。			
6	围岩体内位移（洞内设点）	洞内钻孔中安设单点、多点杆式或钢丝式位移计	每5～100 m一个断面，每个断面2～11个测点	1～2次/d	1次/2d	1～2次/周	1～3次/月
7	围岩体内位移（洞外设点）	地表钻孔中安设各类位移计	每个代表性地段一个断面，每个断面3～5个钻孔	同地表下沉要求			
8	围岩压力及两层支护间压力	各种类型压力盒	每个代表性地段一个断面，每个断面宜设15～20个测点	1～2次/d	1次/2d	1～2次/周	1～3次/月
9	钢支撑内力及外力	支柱压力计或其他测力计	每10根钢拱支撑一对测力计	1～2次/d	1次/2d	1～2次/周	1～3次/月
10	支护、衬砌内应力、表面应力及裂缝量测	各类混凝土内应变计、应力计、测缝计及表面应力解除法	每个代表性地段一个断面，每个断面宜设11个测点	1～2次/d	1次/2d	1～2次/周	1～3次/月
11	围岩弹性波测试	各种声波仪及配套探头	在有代表性地段设置	—	—	—	—

注：B为隧道开挖宽度。

表中1～4项为必测项目，5～11项为选测项目。必测项目是现场量测的核心，它是设计、施工等所必须进行的经常性量测；选测项目是由于不同地质、工程性质等具体条件和对现场量测要索取的数据类型而选择的测试项目。由于条件的不同和要取得的信息不同，在不同的工程中往往采用不同的测试项目。但对于一个具体工程来说，上述列举的项目不会全部应用，只是有目的地选用其中的几种。

在某些工程中，由于特殊需要，还要增测一些一般不常用而对工程又很重要和必需的测试项目，如底鼓量测、岩体力学参数量测、原岩应力量测等。

三、监测方案设计

1.监测项目的确定原则

监测项目的确定应坚持以下原则：

（1）安全第一的原则。以安全观测项目为主。地下工程施工过程中最重要的是安全。地下工程监控的首要任务就是确保安全，因此，在确定监测项目时，首先要考虑可反映围岩稳定的指标，如位移观测和应力观测，应成为最主要的观测项目。

（2）系统全面的原则。观测项目应满足地下工程建设的全面需求。地下工程监测的目的是多方面的，不仅要考虑围岩安全，还要考虑荷载条件及变化、设计计算等要求。因此，要求观测项目不仅要重点突出，还要考虑全面需求。

（3）少而精，经济适用的原则。对长期观测项目（包括施工期和运行期），应在反映地下工程围岩实际工作状况的前提下，力求做到少而精。例如，在保证观测仪器质量的前提下，应适当考虑观测仪器的经济性，以及人力成本投入高低等。

2.监测断面及监测频率确定

（1）监测断面设置。监测断面又可分为系统监测断面和一般监测断面。系统监测断面观测内容较多，设置的观测点、使用的观测手段也较多。仅布置有单项观测内容的监测断面称为一般监测断面（通常指收敛监测断面或称必测项目断面）。

一般来说，监测断面应布置在：

①围岩质量差及局部不稳定地段。

②具代表性的地段（反馈设计，评价支护参数）。

③特殊的工程部位（如洞口和分叉处）等。

监测断面间距可视监测目的及工程地质条件合理布置。例如《锚杆喷射混凝土支护技术规范》（GBJ 50086-2001）中对监测断面间距规定如下：对一般性监测断面（必测项目断面），监测断面间距为20～50 m；对系统监测断面，仅规定选择有代表性的地段测试。

系统监测断面间距，其位置与数量由具体需要而定，对洞径小于15 m的长隧洞，在一般围岩条件下应每隔200～500 m设一个断面。

在一般的铁路和公路隧洞中，根据围岩类别，洞周收敛位移和拱顶下沉观测的断面间距定为：Ⅱ类，5.0 ~ 20.0 m；Ⅲ类，20.0 ~ 40.0 m；Ⅳ类，40.0 m 以上（注：铁路和公路隧洞围岩类别划分有所不同，详见相关规范）。

具有高边墙、大跨度等特点的水电站地下厂房，系统监测断面间距一般为 1.5 ~ 2.0 D（D 为厂房跨度）。

（2）监测频率。各监测项目原则上应根据其变化的大小和距工作面距离来确定观测频率。如硐周收敛位移和拱顶下沉的观测频率可根据位移速度及离开挖面的距离而定。当测线不同、测点位移量值和速度不同时，应以产生最大的位移者来决定监测频率，整个断面内各测线和测点应采用相同的观测频率。

《岩土锚杆与喷射混凝土支护工程技术规范》（GB 50086-2015）规定的观测频率为：在隧洞开挖或支护后的半个月内，每天应观测 1 ~ 2 次；半个月后到一个月内，或掌子面推进到距观测断面大于 2 倍洞径的距离后，每 2 天观测一次；1 ~ 3 个月期间，每周测读 1 ~ 2 次；3 个月以后，每月测读 1 ~ 3 次。若设计有特殊要求，则可按设计要求执行。如遇突发事件或特殊原因导致参量发生异常变化，则应按特殊观测要求执行，即应加强观测，增加观测频率。

3.监测仪器的选择。采用何种监测仪器，主要取决于围岩工程地质条件和力学性质，以及测试的环境条件。通常，对于软弱围岩中的隧洞工程，由于围岩变形量值较大，因而可以采用精度稍低的仪器和装置；而在硬岩中必须采用高精度监测仪器。在一些干燥无水的隧洞工程中，电测仪表往往能很好地工作；而在地下水发育的地层中进行电测就较为困难。因此，应视具体工程地质条件选择性价比合适的监测仪器。

4.监测数据警戒值及围岩稳定性判断准则

在硐室施工险情预报中，应同时考虑收敛或变形速度、相对收敛量或变形量及位移—时间曲线，结合观察到的硐周围岩喷射混凝土和衬砌的表面状况等综合因素做出预报。

常用做警戒值的有容许位移量和容许位移速率。

（1）容许位移量。容许位移量是指在保证地下硐室不产生有害松动和保证地表不产生有害下沉的条件下，自隧洞开挖起到变形稳定，在起拱线位置的隧洞壁面间水平位移总量的最大容许值，或拱顶的最大容许下沉量。在地下硐室开挖过程中若发现监测到的位移总量越过该值，或者根据已测位移预计最终位移将超过该值，则意味着围岩不稳定，支护系统必须加强。

容许位移量与岩体条件、地下硐室埋深、断面尺寸及地表建筑物等因素有关。例如，城市地铁，通过建筑群时一般要求地表下沉不超过 10 mm；对于山岭隧道，地表沉降的容许位移量可由围岩的稳定性确定。

（2）容许位移速率。容许位移速率是指在保证围岩不产生有害松动的条件下，硐室

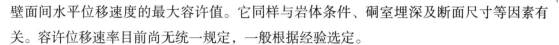

壁面间水平位移速度的最大容许值。它同样与岩体条件、硐室埋深及断面尺寸等因素有关。容许位移速率目前尚无统一规定，一般根据经验选定。

此外，有时还可以根据位移—时间曲线来判断围岩的稳定性。

第五节　水环境监测及其现实意义

一、水环境质量状况

（一）地表水的污染

目前，我国呈现水污染从城市向村镇转移态势，越来越多的报告与文献显示村镇大部分地区地表水为轻度及轻度以上污染，其中，以垃圾场周边、农田、菜地和企业周边土壤的污染最为严重。村镇地表水污染问题较突出与村镇人口增多、生活污染加重、企业排污不受防控有关，部分村镇小工厂、食品生产作坊生产废水肆意排往村边沟渠，河水污染严重，水体变黑并散发腥臭味。

（二）地下水的污染

我国地下水占到全国水资源总量的1/3，据统计，全国有近70%的人口饮用地下水，因此，地下水也是重要的饮用水水源。近年来，部分地区地下水储存量正以惊人的速度减少，更糟糕的是地下水已遭到严重污染。水体污染正加剧中国的地下水危机，据中国地质调查局的相关专家表示，全国有90%的地下水都遭受了不同程度的污染，其中60%污染严重。村镇地区由于化肥、农药的大量使用污染了村镇的地下水源，加之村民大多是用手压井直接抽取浅层的地下水，因此，村镇地区往往成为地下水污染最直接的受害者。

（三）水源的污染

目前我国部分村镇饮用水源的现状堪忧。据环保部门对部分村镇地区的饮用水水质检查结果，其中，多个地区的水质不达标，超标元素主要含大肠菌群、pH值、总硬度等，特别是重工业发达地区水质中重金属含量远远高于安全值上限。水源受污染的地区主要集中在靠近市区或者人口相对集中的村镇，一方面是因为工业向城市周边转移，另一方面是在一些人口集中的村镇，其基础设施如地下管网、集中供水池等建设并不完善。

二、水环境监测的目的

水环境监测是为国家合理开发利用和保护水土资源提供系统水质资料的一项重要的基

础工作，是水环境科学研究和水资源保护的基础，对发展国民经济和保障人民健康等具有十分重要的意义。水环境监测的目的是及时、准确、全面地反映水环境质量现状及发展趋势，为水环境管理、规划、污染防治等提供科学依据。具体可归纳为：

1.对进入江、河、湖、库、海洋等地表水体的污染物质及渗透到地下水中的污染物质进行经常性的监测，以掌握水环境质量现状及其发展趋势。

2.对生产过程、生活设施及其他排放源排放的各类废水进行监视性监测，为实现监督管理、控制污染提供依据。

3.对水环境污染事故进行应急监测，为分析判断事故原因、危害及采取对策提供依据。

4.为国家政府部门制定水资源保护法规、标准和规划，全面开展水环境管理工作提供有关数据和资料。

5.为开展水环境质量评价、水资源论证评价及进行水环境科学研究提供基础数据和手段。

6.收集本底数据，积累长期监测资料，为研究水环境容量、实施总量控制、目标管理提供依据。[①]

三、水环境监测的分类和现状

水环境包括地表水和地下水。地表水还可以分为淡水和海水，或者河流、湖泊（水库）和海洋。雨水作为降水一般在大气环境中进行研究和分析。

此处阐述的水环境监测包括地表水环境质量监测和饮用水水源地水质监测。海水环境的监测另有专册详述。目前，地下水环境质量监测在环保监测系统刚刚起步，仅作为饮用水水源地进行监测。

（一）地表水

2011年，为了更加科学、客观、全面地反映和评价全国的水环境质量状况，说清全国地表水质量状况及其变化趋势，环境保护部（现为生态环境部）在原有国家地表水监测网的基础上，依据有关标准和监测规范，对全国地表水环境监测点位进行了优化和调整。确定了972个国控断面，包括：长江、黄河、珠江、松花江、淮河、海河和辽河七大流域，浙闽片河流、西北诸河和西南诸河，以及太湖、滇池和巢湖的环湖河流等共419条河流的766个断面；此外，还包括太湖、滇池、巢湖等62个（座）重点湖库的206个点位（35个湖泊158个点位，27座水库48个点位）。

目前，我国的地表水质的监测继续依靠国家水环境监测网络开展水质月监测工作。监

---

① 李青山，李怡庭.水环境监测实用手册 [M].北京：中国水利水电出版社，2003.

测项目为《地表水环境质量标准》（GB 3838-2002）表1中的所有基本项目，即水温、pH值、电导率、溶解氧、高锰酸盐指数、化学需氧量、五日生化需氧量、氨氮、总磷、铜、锌、氟化物、硒、砷、汞、镉、铬（六价）、铅、氰化物、挥发酚、石油类、阴离子表面活性剂、硫化物、粪大肠菌群和流量（水位）。对于湖库，除以上项目外，还增加了评价富营养化所需要的透明度、叶绿素a和总氮。

对河流、湖库的水质评价执行《地表水环境质量标准》（GB 3838-2002），按Ⅰ~Ⅴ类六个类别进行评价。湖库富营养化的评价执行中国环境监测总站生字〔2001〕090号文，按贫营养至重度富营养六个级别进行评价。

中国环境监测总站作为我国水环境监测网络组长单位，每月收集水环境监测数据，经过汇总统计整理编制水质月报、季报和年报。

在此基础上，根据国家环境管理的需求，还布设了一些专项性的监测网络，开展专项性的监测。如"锰三角"地区水环境质量监测、跨国界河流（湖泊）水环境质量监测等。

（二）饮用水水源地

目前，饮用水水源地的水质监测范围为113个环保重点城市的410个水源地。其中地表水水源地250个（河流154个、湖库96个），地下水水源地160个。饮用水水源地每月监测1次。地表水监测项目为《地表水环境质量标准》（GB 3838-2002）中表1、表2及表3前35项；地下水监测项目为pH值、总硬度、硫酸盐、氯化物、铁、锰、铜、锌、挥发酚、阴离子表面活性剂、高锰酸盐指数、硝酸盐氮、亚硝酸盐氮、氨氮、氟化物、氰化物、铅、镉、铬（六价）、汞、砷、硒和总大肠菌群，共23项。

四、水环境监测质量控制的重要意义

现阶段，水环境监测工作多数以实验室监测为主要手段，其目的主要是对城市的水环境状况进行了解，从而促进对水资源质量和环境的保护，同时，水环境的监测部门则应该及时向相关管理部门提供客观、准确的水环境监测数据，为国家制订相关的监测计划和措施做出正确的决策提供依据。提高水环境监测的质量，不仅对控制水环境污染有利，还对提高水环境监测的准确性和科学性有很大的帮助。因此，我们应该尽量提升监测质量，减小监测误差，做好水环境监测环节的事前控制、事中控制和事后控制等，保证最大限度地发挥好水环境的监测功能和效果。

（一）水环境质量监测的意义

水环境质量监测指的是运用当前的科学技术和先进设备对城市水资源和水环境质量所进行的监测工作，其重点是对水资源的组成结构进行数据测量分析，为人们正确地利用水

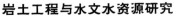

资源生活生产提供帮助。通俗来说，对水环境进行监测的最终目的就是让人们能够正确地认识自己的生存环境，不至于当水体一旦发生污染或者质量不符合相关标准时，受到过大的影响。另外，通过对水环境监测数据的处理和分析，还可以得出水环境受到影响的主要因素，并以此帮助人们进行水环境整体改善。

（二）水环境监测质量管控的意义

对水环境监测质量进行合理管控，在很大程度上促进了该项工作的顺利进行，同时也方便相关的工作人员及时发现和解决水环境污染的因素和相关问题，并尽快制订出有效的治理方案。

第四章 生态背景下的岩土工程创新措施

环境与发展是当今世界普遍关注的问题，1992年6月3日至14日在里约热内卢召开的联合国环境与发展大会，通过了著名的《里约环境与发展宣言》和《21世纪议程》等文件；1994年3月25日，我国国务院第16次常务会议，讨论通过了《中国21世纪议程》，构筑了一个综合性的长期渐进的可持续发展战略框架。环境岩土工程学是环境科学的组成部分，是岩土工程学的一个新的、发展中的分支学科，它在环境保护和减灾方面的作用已引起人们的普遍关注。在进行岩土工程项目时，不仅要考虑当前工程建设时的岩土工程问题，而且应从工程项目的可持续性高度，重视研究工程与环境之间的相互协调与制约的影响，要对岩土工程项目可能引起的环境改变，甚至环境恶化的可能性或带来的工程灾害的预测和防治工作进行认真的研究和评估。

第一节 岩土工程施工对环境的影响与保护措施

一、岩土工程施工对环境的影响

随着工业生产和人民生活的发展，建设工程不断地扩大，各项岩土工程都有可能对周围的环境产生破坏作用。岩土工程施工对环境的影响主要有以下几方面：

（一）岩土工程活动引起建筑物的变形

岩土工程活动可引起周围建筑物的裂缝或地表不同程度的变形，以及各种地下管线的破坏。主要有井点降水、挖孔或钻孔桩施工、地下工程施工、深基坑开挖和打桩等工程活动。

高层建筑和设备基坑开挖时，常采用井点降水，地下水位的下降可使附近的建筑物发生裂缝。对此，可采用内井点法减少不良影响，即把井点布置在基坑板围堰之内。另外，注水回灌也可使建筑物基础下的地下水位不因井点抽水而降低。

在沉桩过程中，原土体的极限平衡状态被破坏，土体中应力会产生重分布，从而对邻近建筑物地基的承载力产生影响。武汉市某住宅楼在桩基施工过程中，由于勘察时未探明其下有一软弱的淤泥层，因此，挖至软弱层时，由于淤泥的流动，邻近的建筑物及地面出现大小不等的裂缝。对此，可采用围堰的方法阻止土体移动，另外，可适当调整沉桩顺序来减小其对邻近建筑物的影响。无论是地铁、隧道或地下仓库的建设，在进行地下施工时，地表会有不同程度的变形，如果工程在市区，则各种地下管线也会受到影响。在深基坑开挖的过程中，基坑边坡的位移常会损坏基坑附近的建筑物和各种地下管线等。对于基坑的稳定性，可用岩土工程学的方法进行分析。为减少基坑开挖对周围的影响，可采取加强支撑或采用锚固注浆等措施。

在打桩过程中，挤土效应是不容忽视的，在桩体一定范围内的地面会发生竖向和水平向的位移。大量的土体位移常会导致一系列环境事故。为减小挤土的影响，可采取预钻孔取土，然后再打桩的方法。

（二）岩土工程活动的振动对环境的影响

打桩、强夯、爆破和振冲施工等都会使周围的环境产生不同程度的振动。振动轻则使人感觉不舒服，影响附近精密设备、仪器的正常工作；重则使仪器及邻近建筑物损坏，甚至会影响地下管线。当采用3000 kJ的单击能量强夯，在10 m远处产生的水平振动加速度达0.6 m/s。至于爆破则冲击波压力更大。

打桩、夯实和爆破对人体会产生一些不良影响。人体的神经系统对冲击波振动的作用是非常敏感的。高振幅的振动不但能影响人的正常活动，而且会引起人体生理组织的变化，甚至对内部脏腑器官产生各种损伤和破坏。当振幅较低时，除影响人体正常活动外，还能引起神经系统、内分泌系统和新陈代谢等各种生理活动的变化，致使人体感到劳累、工作能力减退以及情绪发生变化。当振动与人体固有频率相接近时，会引起人体共振现象，大大增加对人体或内脏的破坏。

为克服打桩的振动，可采用静力压桩或研制出一些低振动的施工装置。另外，可优化打桩顺序，利用群桩的屏蔽效应以便减小打桩振动对周围环境的影响。为减小强夯和定向爆破对周围环境的振动影响，可采取一些隔振措施。隔振可分为主动隔振和被动隔振。一般可采用挖掘隔振沟、板桩墙和钻设隔振孔的方法，这样，当冲击波传播到固体交界面处，被在固体土壤中形成的局部空隙所阻断，不能继续向前传播，起到隔振的作用。

（三）岩土工程活动的噪声对环境的影响

打桩、夯实和爆破以及各种施工机具如搅拌机等的噪声均会对周围的环境产生不良影响。如果是在人口密集的城区，对人会产生十分严重的干扰作用。打桩施工中每根桩要锤击几百次乃至上千次，而且噪声高达120 dB以上。按标准，噪声一般应低于85dB。为此，可采用静压桩或灌注桩以减小噪声。在打桩机上设置隔音罩、消声器等，也可取得较好的效果。

（四）岩土工程中的化学污染

某些地基处理方法，诸如振动水冲法、钻孔灌注桩法等在施工时会产生大量泥浆，污染周围的环境。广泛用坝基、房基、道路和桥梁基础地下建筑加固的灌浆法，会产生浆材污染。例如，灌浆所用的丙烯酰胺类浆材有一定毒性，反复和丙烯酸胺粉末接触会影响中枢神经系统，而且对空气和地下水都有污染。硅酸盐浆材有价廉、可灌性好等优点，但其对地下水也会产生碱性污染，因此，发展非碱性硅酸盐浆材是很有必要的。浆材对人体的伤害和对环境的污染已经越来越引起工程界的重视。开发新的低成本、无污染的灌浆材料将是努力的方向。对于钻孔及振动水冲等所产生的泥浆，可采用适当的处理技术。废泥浆的处理方法有化学处理法、机械处理法和固化处理法。其中，固化处理法的处理费用较低，能够在短时间内简单、迅速地固化各种废泥浆，固化物可作为回填再次利用，可防止环境污染。

二、如何在岩土工程施工中做好环境的保护工作

在工业经济高速发展的今天，城市建设的速度明显加快，岩土工程在这种大趋势下蓬勃发展。很多城市在岩土工程施工的过程中，只重视施工速度，而忽略了其带给环境的巨大影响。未正确分析岩土工程施工与环境的关系，就不能找到施工过程中环境保护的重点，会导致环境保护工作滞后。关于如何在岩土工程施工中做好环境的保护工作，笔者认为须做到以下几点：

（一）在岩土工程中树立低碳环保的施工理念

在当今时代，环境污染问题、生态破坏问题越来越严重，任何工程建设的开展都必须重视对环境的保护，避免人类的生存环境进一步恶化。而岩土工程施工对环境的影响极为巨大，因此相关的施工单位更要重视施工过程中的环境管理。对于此，首先必须树立低碳环保的施工理念，岩土工程师要在施工开始以前对施工场地进行仔细勘察，并详细记录勘察数据和分析这些数据，找出潜在的环境安全隐患，做好相应的规划书，同时要对该规划书做好验证工作，工程师应该对其负责。规划书中必须涉及各种节能环保措施，要明确规定如何在建筑材料、施工技术、施工程序方面做好环境保护工作。

（二）在岩土工程中合理利用资源保护环境

合理利用岩土工程施工中的各种资源，以此加强对环境的保护，正确处理岩土工程施工与环境的关系。

1.合理利用岩土工程施工过程中挖出的剩余土方

在岩土工程施工中，难免会产生大量的土方，虽然有一部分可用于回填工作，但是还

有很多剩余土方亟待处理。很多施工单位往往都是将剩余土方直接堆放在地表，除了会占用大量土地以外，当其干化以后，一经风吹就会尘土漫天，造成严重的空气污染。

对于这种剩余土方来说，可以考虑在其附近建立小型的砖瓦厂，将其充分利用起来，烧制成砖，不仅可以节约更多的土地资源，改善环境质量，同时还能够增加企业的收入，降低施工成本。

2.合理利用岩土工程施工过程中的地下水资源

在岩土工程施工过程中，大量的地下水往往是通过相应的排水管井排出地面的。很多施工企业在地下水排出以后，就任之自流，不对其进行充分利用，这不仅浪费了水资源，还对施工周围的环境造成了极大的影响。对于这种情况，应该将地下水资源充分利用起来，比如，将排出的地下水进行沉淀处理以后，用于冲洗场地和生活用水（忌饮用）等，不仅可以节约水资源，同时还可以降低施工成本。

3.合理利用岩土工程施工场地的太阳能、地热能等资源

一般来说，很多岩土工程的施工场地因为地处开阔，太阳能比较丰富，一些特定的区域还有非常丰富的地热能。在岩土工程施工中，必须将这些资源充分利用起来。比如，利用太阳能烧水，供施工人员洗浴，以此减少电热水器的使用；在光照充足的时候，还可以利用太阳能灶做饭，这样可以节约更多的电能，降低施工成本；在冬天的时候，可以利用地热取暖，减少对空调、电烤炉等取暖设备的使用。而且，相比于矿物质燃料而言，这些能源都属于清洁可再生能源，不会对环境造成污染。

第二节 "双碳"背景下的岩土工程创新技术

一、政策背景及"双碳"行动的中长期发展趋势

"双碳"行动下，中国政府不仅对绿色生产生活概念进行了引导，也将相关政策的落实提上议程，在推进过程中区域间或将出现分化差异。未来十年的"达峰期"，我国或将面临大规模产能改造需求，从而为"达峰"后的"中和"做好建设准备。随着"双碳"行动的不断深入发展，绿色先进的生产消费观念或将催生中国式极简主义，长期影响未来我国的生产审美与生活习惯。

对于多数传统行业而言，"碳达峰"与"碳中和"所聚焦的是长期可持续发展利益，短期内体现为在生产的成本端增加了一项环保概念的支出，且较难在收益端体现出任何增量。因此，与此前的大气排放治理行业相似，"双碳"的行动力度与最终收效很难仅依靠市场化的行为来推动，很大程度上将依赖政策法规的推动与引导。

我们汇总了近期从国家到地方、从总体到行业的各相关政策，总结如下：

第一，国务院总体政策方针确保行动方向长期一致，且重点强调了向"广泛的绿色生产生活"方向转型；

第二，交通运输与能源行业领域政策基本与前期方向一致，详情可参见具体行业报告；

第三，传统工业或将通过"双碳"行动突破"超低排放"推进的瓶颈，核心重点也或将落在此前大气治理时期的七大"非电行业"上；

第四，建筑行业将大力推行绿色建筑、绿色建材与装配式建筑，通过产业链传导逻辑，或将长期利好城市更新建设、工业固废回收、土壤修复、装配式建筑等行业领域。

二、岩土工程面临的机遇

根据科学家预测，在21世纪，世界经济的发展中心将转移至亚洲，而在亚洲各国中，中国将居主导地位。这一前提为我国岩土工程的发展，创造了前所未有的良好条件。

我国有960万 km^2 的陆地，300万 km^2 的海域，海岸线总长超过18 000 km，幅员辽阔，构造复杂。山地约占陆地面积的2/3，在岩土工程领域有巨大的发展潜力。

我国岩土工程规模之大，举世罕见。除了已建成的长江葛洲坝水利枢纽，京九、南昆铁路等外，还有三峡、小浪底、南水北调水利工程、秦岭铁路隧道、琼州海峡海底隧道、千万吨级的钢铁基地，为了解决工程建设中的难题，国家多次将岩土工程列为科技攻关项目，有力地推动了学科发展和工程应用。

我国具有广大的人才市场，以中国岩土工程学会为例，自1985年成立以来，会员总数从2000余名发展到12 000余名，大概为国际会员总数据的两倍。历年来，广大会员充分发挥跨学科、跨部门和人才荟萃、知识密集的优势，为国民经济建设做出了许多贡献。在人才培养方面，我国从事教学和科研的高等院校已超过50所，约占全球院校总数的1/10，居世界首位，很多年轻学者已在国际舞台上崭露头角。

我国学者在岩石流变学、岩石工程地质力学、岩体结构学、关键快体理论、不连续变形分析（DDA）、数值流形法（NMM）、智能岩石力学等方面的研究居世界前列。我国的成就在国际上受到普遍重视。如第七届国际岩石工程学会主席Fairhurst C曾着重指出，中国岩石工程面临着数不清的机遇挑战，除了著名的三峡工程外，中国还有其他拟建或在建的大型工程。通过这些重大工程活动，中国将会对岩土工程的发展方面做出许多重要贡献。

通过多年来的工程实践证明，在岩土力学工程领域，国外的一些行之有效的办法，对待中国如此复杂的地质构造的岩石介质，常常无能为力，因此，我们必须根据自己的特点发展适合中国国情的岩石力学和岩土工程。

三、新兴技术助力环境岩土工程上新台阶

随着人类经济社会的不断发展，涌现了很多新兴的环境岩土工程问题，依靠传统的技术手段往往无法解决这些新问题。因此，一些前沿的新兴技术被引入环境岩土工程研究中，通过学科交叉，促进领域发展。

近年涌现出的新兴技术对环境岩土工程研究产生的影响以及突破性进展包括三方面。

第一，微生物岩土工程技术在能源开采、环境保护方面带来革命性进展。以 MICP 技术为代表的微生物岩土工程技术，为解决环境岩土工程领域的一些卡脖子问题带来重要可能。例如，MICP 技术有望在低温高压的海底天然气水合物开采中得到规模化应用，解决开采过程中砂土失稳和渗透性降低等问题；MICP 技术还有望在南海等地岛礁加固工程中发挥巨大作用；此外，MCIP 技术在深部岩体（如核废料填埋围岩）裂隙修复、垃圾填埋场裂隙修复、重金属污染场地修复等领域中都具有巨大的应用前景。

第二，大地感测技术为大型基础设施建设和灾害防治保驾护航。在川藏铁路、港珠澳大桥、京沪高铁、三峡大坝等大型基础设施建设中，以分布式光电传感技术为代表的智能监测技术，在精准掌握岩土体"健康"、提高工程安全等方面发挥了重要作用。遥感技术在地面沉降、地裂缝识别与监测、大区域地表环境识别等方面展现了独特的优势。在未来，空天一体的大地感测技术必将在环境岩土工程领域得到更大的应用和发展，进一步推动一批关键科学和工程问题的解决。

第三，大数据、人工智能技术推动环境岩土工程走向智能化。大数据、人工智能等新兴技术的发展，已经对环境岩土工程领域产生了深刻的影响，未来必将进一步推动领域取得突破性进展。特别是结合遥感、监测等大数据处理和人工智能识别，未来有望对地震、滑坡、矿山塌陷等重大地质灾害进行早期识别和提前预警，值得环境岩土领域的从业者深入研究。

四、未来研究的发展趋势

未来研究的发展趋势可以概括为三方面。

第一，环境岩土低碳技术研发与应用。研发全生命周期碳足迹更低的新材料和新技术，替代现有的高能耗的材料和技术，应用到环境岩土工程中。例如，提高废弃物材料的利用效率，更好地为岩土工程服务。探索替代能源和清洁能源的高效开采，如地热能、风能的高效利用、核能的安全利用、可燃冰的高效开采等。研发环境岩土CCUS技术，如深入探索土壤固碳潜力和可行性，提升二氧化碳地质（岩体）封存的效率和经济性等。

第二，绿色生态修复及高效灾害预防。开发绿色可持续的土壤和地下水治理技术，如

研发原位低扰动的地下水曝气、强化生物降解等技术，研发绿色长效的污染物钝化/稳定化材料和技术。完善基于健康和环境风险的污染场地管控体系，从技术角度和制度控制角度丰富污染场地风险管控体系内涵，建立健全行业标准。研究全天候、多尺度、数字化的灾害预警和监测系统，如基于数字孪生、无线传感器等技术的岩土体实时仿真模拟，多场多维的岩土体健康分布式监测，极端气候地质灾害成灾、演变和防治等。

第三，基于新兴技术的深度学科交叉。深度应用环境、生物、计算机等学科服务于岩土工程，解决新出现的难点问题，如通过基因编辑技术提升微生物诱导碳酸钙沉淀性能，使其在深部油井、深海能源开采中发挥重要作用。建立空天一体的大地感测网络，为大型基础设施建设和灾害防治保驾护航。充分利用遥感等大数据集合，通过机器学习算法进行深度数据挖掘，服务岩土工程基础设施建设和灾害防治等。

第三节　可持续发展背景下的岩土工程创新途径

岩土工程所造成的大环境问题，主要是土壤退化、地震灾害、洪水灾害、水土流失和温室效应，其中还包括产生崩塌、泥石流、滑坡、地裂缝、地面沉降和地面塌陷等地质灾害。岩土工程在施工过程中，要采取有针对性的方针，通常采用新工艺、新施工方法和先进的施工设备，加大对施工过程中所产生的、形成的环境污染物的监控和管理，在施工中，对可以再循环的材料要妥善利用，对造成水体污染的，要将被处理的水体废物重新调配，将废物转换为非废物。施工中，容易形成污水的，要采取集中的方式统一处理，通过过滤的方式，减少对水体和土壤的污染。要改良机械设备的排污能力，减少对空气的污染，通过提高机械利用率和施工作业效率，减少机器开动时间，减少污染物排放。对容易产生尘土等颗粒污染物的材料，要进行覆盖，必要时要通过洒水来防尘。同时，工地上要避免不合格材料的进入，避免增多材料运输和搬运过程。施工中要选择环保型材料，来减少对环境的污染和损害。

一、岩土工程领域近十余年在节能减排方面的探索与问题

在过去的十几年中，我国有关专业科技人员在岩土工程领域做出了积极和有益的新探索，取得了一定的成绩，但也存在一些问题，主要表现在以下三方面：

1.清洁可再生能源开发利用

因住建部关于发展"节能省地型住宅和公用建筑"及相关政府部门的政策导向，地源热泵产业发展迅速。此外，"十四五"期间将新增地热能建筑应用面积1亿 m^2，考虑到随着技术发展及应用逐渐成熟，地源热泵的单位投资价格有望逐渐下降，测算到2028年中

国地源热泵行业容量市场规模将超过750亿元。随着产业的发展，部分本土化的技术标准开始陆续出台，如关于地源热泵供热空调和系统工程设计验收标准国家标准、四川省与天津市等地方标准），相关的专项工程勘察技术标准正在编制中。

工程场地的水文地质特性和岩土的热物性等具有很强的地域性，已有单位对这些条件及其变化等开展了扎实的基础研究，其成果在确保系统技术、经济质量方面发挥了或即将发挥十分关键的作用。地源热泵系统涉及资源勘查评价、地下换热、建筑物内供热制冷系统、自动控制、热泵系统集成等诸方面的配套技术，是多学科紧密联系、协调配合的应用技术，因此，勘察、设计、系统施工和运行管理都成为影响地源热泵技术应用质量和水平的重要环节。

在这一领域的发展中，目前还存在一些问题，应该给予足够的重视：

（1）产业发展在以设备供应商为主导或先导推动后，对系统质量至关重要的水文地质、岩土工程专业作用仍未得到有效的重视；

（2）有些工程的专项勘察和测试分析不到位或不充分，对土水参数的把握存在偏差，造成系统设计出现问题，直接影响系统效率和使用寿命；

（3）地源热泵技术的适用性与地区气候环境、岩土条件、地下水资源规划管理和具体用地条件等密切相关，对这些条件的考虑并不都是全面依靠多专业专家团队决策的；

（4）部分建筑开发商为降低成本进行压价，重施工（占造价比重大）、轻勘测设计，系统安装承包商"被迫"采用减少地埋管数量等方式，降低工程造价，势必对系统的质量和耐久性构成直接的危害，人为折减系统的使用寿命；

（5）不适用技术仍在使用，如单孔抽灌技术，不能保证系统的高效可持续性。低水平、低质量的施工技术不能保证抽水—回灌井的质量，不能保证100%回灌。

此外，作为一个需要多专业协作配合的新兴专业工作，目前在行政许可上简单地通过现行的暖通设计资质进行管理，并不能有效保证质量控制，也给实施造成了不便。

2.环境岩土工程

在西方发达国家，环境岩土工程起源于岩土工程，是在岩土工程专业充分发挥核心专长、补充相关专业人员知识结构的基础上蓬勃发展起来的一个重要学科分支。美国土木工程师学会从1983年1月起将相关的专业刊物《土力学及基础工程学报》更名为《岩土工程学报》，于1997年1月再次更名为《岩土工程及环境岩土工程学报》，明确了服务更加宽广的岩土工程方向，肯定了环境岩土工程的专业分支地位。第一届国际环境岩土工程学术会议于1986年在美国宾夕法尼亚召开。自第四届开始，该学术会议的名称变更为"国际环境岩土工程与全球可持续发展学术会议"，进一步明确并强调了环境岩土工程这一岩土工程的学科分支与全球可持续发展之间的紧密关系。

由于社会发展对解决与岩土环境相关问题的新需求增长很快、涉及问题十分庞杂，"环境岩土工程"在国际上尚无完全统一的定义，甚至存在着研究和工作范畴基本相同、在区域和国际会议上同时使用几个不同的术语，如 geoenvironmental engineering、environmental geotechnics 和 environmental geotechnology 等。我国著名岩土工程专家、浙江大学教授龚晓南院士在其《21世纪岩土工程发展展望》一文中指出，"环境岩土工程是岩土工程与环境科学密切结合的一门新学科。它主要应用岩土工程的观点、技术和方法为治理和保护环境服务"，是对其特性、服务目的和基本方法的一个简明界定。在这一基本理念的基础上，在我国工程勘察行业和岩土工程领域陆续开展了一些研究和技术服务工作，代表性的有垃圾填埋场的选址勘察评价、场区环境土水污染情况监测、垃圾堆填体压缩变形特性研究、采用岩土工程治理方法处理污染渗漏，以及采用岩土工程的地下水控制方法解决垃圾堆填体高水位失稳问题等。这个领域目前面对的情况是：一是工作对象和问题复杂，如固体废弃物等各种垃圾与天然形成的岩土体差别很大；二是技术法规和标准存在很大的空白，但已开展了一些基础性工作，如国标《垃圾处理场工程地质勘察规程》编制已进入最后阶段，北京开展了"北京市非正规垃圾填埋场勘察和风险评价项目"，对非正规垃圾填埋场的垃圾污染物对地下水污染及其运移规律进行了研究，并首次提出了涉及该类设施治理成本的量化风险评价标准；三是目前国家政策推动力度不够大。此外，为发掘新的城市建设用地，部分工程勘察单位近年来开展了"棕色场区"（Brownfield，即城市关停、废弃的工厂或商业设施污染场地）再利用的土壤和地下水修复技术研究，并参与了相关的修复工程中。

　　3.地下水等自然资源的保护

　　在从生命安全角度保护地质环境、防止潜在地质灾害的同时，部分工程勘察单位和地方政府在地下水资源及其环境保护方面开展了积极的探索。如在上海国际环球金融中心的建设中，针对地层组合和基坑围护的特点，采用"按需降水"的理念对地下水的施工控制进行指导，既科学减少了地下水环境的变化和建造成本，又降低了地下水变化对建成环境产生的风险。为保护北京地区的地下水环境和地下水资源，北京市于2007年发布了《北京市建设工程施工降水管理办法》，对施工降水方案进行管理控制。其后，基于北京市规划委员会、北勘公司专项研究的《北京地区城市建设工程地下水控制技术导则》于2010年出台，该导则根据北京市内不同地区的水文地质等环境条件，对地下水控制原则和具体技术方案选择进行了科学细化。这方面的工作目前所面临的最主要问题是强制性法规尚未完全配套到位，因此，建设单位为降低成本，想方设法要求岩土工程施工承包单位采取成本较低的管井抽排方案，未自觉地将资源、环境的保护置于重要位置。

二、岩土工程在可持续发展中的全新任务

从可持续发展的角度来说，在这一概念之下已经发展形成了大量的评价工程和可持续性的方法。从工程发展的角度来说，为了能够使自然资源的重要价值得到进一步凸显，就需要将自然资源自常规意义上的环境模块当中独立出来，形成包括环境、经济、社会及资源在内的四个构成要素。结合岩土工程的主要内容来看，在可持续性发展过程当中，岩土工程主要面临着以下几方面的全新任务：

1.岩土工程的低碳化发展任务

从可持续发展的前瞻性视角来看，岩土工程的低碳化转型是势在必行的。特别是在岩土工程勘察以及治理过程当中所产生的泥浆排放问题，以及各种建筑材料、建筑设备对能源的需求，均需要结合工程实际情况进行细化控制。具体的发展任务有两方面：首先，需要深入展开对岩土工程的研究，创新性地提出更具低碳化优势的地基基础以及岩土工程治理方案，通过对此类治理方案的综合应用，有效控制消耗建材从生产到建造安装，乃至使用环节中的隐含能耗问题，例如，可以通过对建筑垃圾的合理应用，通过夯扩桩方式对地基基础进行加固处理，也可以通过对废旧轮胎的合理应用，替代砂砾材料制备形成排桩基础，实现对地层液化变形问题的可靠控制；其次，可以将既有建筑地基、基础的重复利用作为低碳建设工程方案的一个有机组成部分加以考虑和研究。举例来说，可以通过对既有建筑经压密的地基的承载能力的深入发掘和基础结构的再利用，实现对原材料消耗量的合理控制。

2.岩土工程标准评价体系的发展任务

可以说，岩土工程践行可持续发展的道路是整个土木工程实现可持续发展中的重要构成部分之一。在岩土工程可持续发展的促进作用之下，实现对土木工程的可持续发展，进一步延伸为建造的可持续性以及开发的可持续性。对比西方发达国家在岩土工程方面良好的法治环境来看，现阶段我国虽积极展开了对绿色建筑体系的建设与研究工作，但仍然在岩土工程标准评价体系方面存在严重的缺失与不足，还需要政府以及行业给予高度关注与重视，结合国外的发展经验，打造具有我国特色的岩土工程标准评价体系。

三、新使命及实现的可行措施

我国传统的工程勘察向岩土工程方面的转化，不仅为我国社会的发展事业做出了非常重要的贡献，并且大大地促进了工程勘察的科技进步，以及市场服务方面的拓展。从专业服务的种类和智力服务的特性来看，用狭义上的工程勘察命名这个行业，非常显然已经不合时宜了，取而代之的应该是一个能够为我国社会的可持续发展，提供可靠和有效服务的岩土工程行业。另外，从专业技术来看，核心科技和国际化的发展状况以及竞争力岩土工程的技术无疑是社会以及经济发展的需要。

在国际上，岩土工程的问题在可持续发展中如何服务和面对大众，已经受到了越来越广泛的关注和重视。在可持续发展中，岩土工程具有新的使命：①城市中所产生的固体废弃物，以及有害废弃物的垃圾填埋场；②泥浆池；③地下水、受污染的土地；④新材料与复合材料；⑤专业上的实践、相关的教育、可持续性；⑥灾害治理、自然灾害；⑦检测、实施成效的评估；⑧数值模拟的研究。

目前，面临我国土木工程可持续发展的新使命有以下若干任务和措施：

第一，综合利用地下资源，进行低碳化发展。鉴于现在大部分地下资源是不可再生的，我们应将其列为岩土工程可持续发展工作的质量纳入审批内容之中的评定标准之一。低碳化发展则要求岩土工程建设过程中创造性提出可行的工程治理方案，实现减少不合理消耗资源的目标，并积极鼓励和支持开展非饱和土及垃圾堆填体等的试验检测研究技术。

第二，开展深入专项研究，为针对现在面临的问题提供解决方案，尽快满足日益增大的城市地上—地下的环境建设的新建、改建需求，保证城市安全运营，规避人为的、自然的灾害。例如，地温能系统的设计及安装。地温能技术作为可循环的再生清洁能源，其试验和应用若能成功推广，将会成为岩土工程发展史上的里程碑。

第三，合理规划建筑用地及人类活动用地。可以对不考虑后果而进行的不合理的土地使用情况进行规避和制止，避免因为开发方案不合理而导致的环境及质量问题。

第四，加快建立可持续岩土工程发展的标准评价体系。与欧美国家较良好的法治环境相比，我国的绿色建筑体系在可持续岩土工程领域方面的法规及技术标准还是空白。这就需要政府和行业企业给予高度的重视，及早进行组织和研究，制订相关工作计划，确保其可持续发展。

我国岩土工程可持续发展的研究中，仍然面对一些挑战，主要体现在：①理论工作多，基础体系研究、建设上的工作相对落后；②对社会发展进步的需求，存在认识上的差距和内容研究上的空白；③受到管理的制约。但是，岩土工程是土木工程比较重要的一个分支，关于其可持续发展的问题，当中的不确定因素比较多，比较复杂，容易受到工程地质条件、时间、地区等变化的影响，因此，岩土工程中的可持续发展问题很特殊。尽管这样，从我国的现状、基本要求、体系建立等方面梳理和思考，岩土工程对我国社会的科学发展是十分重要的。

第四节　岩土工程勘察钻探技术创新

一、岩土工程勘探钻探工艺的选择

1.针对可塑硬塑、偏硬和坚硬黏性土层环境的工艺选择

针对那些硬黏性土层，一般都会选择应用冲击回转钻进的钻探工艺，这是因为该类

土质硬度相对较高，为了保证钻探质量与精度，在进入土层初期应全面控制钻探速度，慢慢深入地层内，采取这种手法可以在碰到吃不进土层时方便增加压力。钻探操作深入土层之后可以适当提高钻探速度，从而在回次进尺时可以减小钻具提升阻力。这里需要格外注意的一点就是，在钻具提升的过程中，根据施工现场当前实际情况对钻探速度进行严格控制，以此保证底孔位置不会产生真空现象。在对可塑偏硬黏性土层进行钻探操作的时候，冲击回转钻进时的水泵流量应控制为低速。在针对岩芯部分进行施工时，应坚持以确保岩芯采取率这一首要原则，选择干孔卡的工艺手段，以此防止提升岩芯的术后发生脱落问题，因此，在实际施工中一般都会选择活动分水投球钻具进行钻探施工。

2.土层较弱以及偏软黏性土层的钻进

通常情况下，地下水位之上的土层强度比较小，土层相对比较软弱，拥有比较大的黏性，这种土质最适合的就是重锤冲击钻进以及螺旋钻进，使用的钻最好是长螺旋钻。而如果是地下水位之下的土层，孔深比较浅的，最适合的是套管螺旋钻；孔深比较深的，则需要使用冲击回转钻。以下将对冲击回转的钻进方法进行详细介绍。选择冲击回转进行钻进的方式，首先要做到的就是对泥浆比例的配制，主要是在进行护壁时使用，在进行该项工作时需要对水泵的流量进行控制，水流不能太大，否则容易将土层冲散。此外，还要保证不能使其与其他泥浆混淆，如果关键时刻出现该问题，可以使用孔卡取法对岩芯进行获取。在回次终了之时，要求立即关闭供水，直接进行一段距离的干钻，通常情况下保证深度 1 m 即可，这样可以对还没有及时排出的岩粉进行有效使用，最终使得岩芯可以挤塞住，通过回转将其扭断之后进行提出。另外，还可以选择使用双动双管取芯钻具，使用该钻具能够对岩芯的采取率进行有效控制，也可以对提钻时的岩芯掉落进行有效预防，而使用活动水分投球钻具可以取得最好的干钻取芯效果。

二、岩土工程勘察与钻探

（一）岩土工程勘察中常用的钻探技术

（1）反循环钻探的技术

反循环钻探技术主要包括空气反循环技术与水力反循环技术，两者之间的循环介质存在一定的差异。其中，水力反循环钻探技术的循环介质主要是水和泥浆，而其循环的方式是将循环介质送至孔底，这样就可以使取芯钻头达到柱状岩芯，岩芯随着钻头一起返回地面。但是，空气反循环钻探技术的循环介质是空气，通过双臂钻杆外管作用，就可以将空气送到孔底。与此同时，空气会产生剧烈膨胀的现象，进而形成冲击力，带动孔底潜孔锤对孔底岩石进行撞击。随后，钻杆就会把空气一同带回地面，并携带相应的岩屑，根据岩屑就可以对地质进行所需信息的测量了。

（2）绳索取芯技术

在利用绳索取芯技术来获取岩芯时，无须利用钻杆，并且只有在必须更换钻头或者钻头出现问题的情况下才需要使用钻杆。绳索取芯技术的重点就是在出现堵塞情况时打捞所使用的工具与存储岩矿芯的岩芯管。在进行岩芯的提取过程中，也无须对钻杆进行提升。

（3）液动潜孔锤技术

液动潜孔锤技术主要的工作原理是充分利用冲洗液，使其有效带动液动潜孔锤进行运行。在液动潜孔锤受到外力冲打的情况下，液动潜孔锤就会将此能量中的部分能量传给钻头，进而将岩石击碎。而泥浆泵在冲洗液的输送工作中具有重要作用，运用泥浆泵就可以使钻头进行反复运动，进而产生冲击负荷。

（4）组合钻探技术

组合钻探技术就是将反循环钻探与绳索取芯以及液动潜孔钻探技术相互结合形成的，这种具有综合性的钻探技术，能够科学合理地融合种钻探技术的优点。并且，组合钻探技术能够按照实际的地质情况进行钻探工作，能够有效减少施工的成本与劳动的强度，并且有利于钻探作业效率的提高。

（二）钻探技术在岩土工程勘察中的应用

因为隧道地质勘察具有代表性，所以下文以钻探技术在某高速公路隧道地质勘察中的实际应用为实例进行分析，这样也能够更直观地了解钻探技术在地质勘察领域的应用效果。

（1）测量并标定孔位

在开钻之前，相应的测量技术人员对标高以及掌子面中线与拱部控制点进行测量，并且技术人员需要按照之前所设计的钻孔位置与角度，合理地选用测量仪器，确定孔位和标准的角度，保证钻头段与主动杆处于同一方向与孔位对准，并对钻机进行定位，为开孔工作做好准备。

（2）开孔

在钻机完成就位，并对相关设备的运行进行调试以后，准备开钻。应充分考虑围岩的情况，进而正确选择合适的钻头，保证开孔处于 2～5 m 的范围内基本无偏差。

（3）安装孔口管

根据选择的钻机配套钻头选择孔口管的加工方式。通常，钻头的直径采用的是 76 与91，所以，可以使用直径为 108 的无缝钢管作为孔口管，一般的长度是 2 米。如果存在围岩不理想的状况，可以合理地加长孔口管的长度，这样可以更好地保证锚固止水的功能。在孔口管的管身处要使用麻丝来封堵孔口管与岩壁之间的缝隙，孔口管的底部是使用锚固剂进行封堵的，长度在 10～15 cm。在对孔口管进行清洗时，需要使用高压水抢对孔壁进行清洗，然后与快硬水泥进行拌和，形成糊状，并将其放入孔内。此过程需要使用半包水泥，并将孔口管与孔口相互对准，放入孔内。与此同时，要保证外置钢板对孔口管法兰盘的保护作用，然后使用钻头将孔口管推送到孔内部预先设定的深度。在此过程中，首先进入孔内的快硬水泥会由于受挤压而从孔内沿着围岩壁与孔口管的缝隙返回，这样就可以将周壁的缝隙填充满，并实现对周壁的包裹。同时，还可使用麻丝来进行膨胀的封堵，这样有利于避免跑浆漏水问题的发生。

（4）孔口管的锚固与加固

一定要使用高性能的锚固剂对掌子面以及孔口管的接触带进行密实的锚固，这样可以提高锚固的使用效果，也可以积极地防止钻探过程中产生的高压涌水问题。在掌子面要积极地搭设锚杆，并把钢筋连接在一起，保证孔口管的焊接质量过关，从而更好地对孔口管进行加固，预防高压涌水现象。

（5）钻孔

在完成锚固作业2h以后，要在孔口管表面安设Φ100的阀闸，同时要安装好垫片，将螺栓拧紧。以上作业的主要目的就是能够保证在出水的情况下，及时关闭阀门，实现可控可防的目标。除此之外，转换91或者76的钻头，进行钻进作业。最重要的是，操作钻机的工作人员需要具有丰富的实战经验以及专业的操作技术。

（6）换孔与结束钻探作业

在达到钻孔预定设计的深度以后，需要由专业的技术工作人员进行严格仔细的检查，在保证钻探作业合格以后，就可以停止钻探作业，及时撤出钻杆。孔口管的钻探作业结束后，可以进行换孔的定位工作，或者是就此结束钻探的施工作业。

三、岩土工程勘察钻探技术创新的研究和实践

1.可将多种现代数字化技术进行有机整合，包括测绘、数据库、计算机、网络通信、CAD、软件等技术手段，同时也需要收集并整合所有项目信息和数字地面工程岩土工程等相关数据，以建立计算机支持的集成系统，从而实现自动化的测量数据处理、数字化转换、网络硬件配备、图形处理和过程数据库设计等数字化操作。这个集成系统能够应用于现场的数字域适应地面调查方法和建立网站，并需要跨学科搭建设计技术和多业务智能制造工程研究设计系统和岩土工程勘察系统，以解决物理指标等问题。

2.使用精密工程地质体的外表面电流和数字地面模型地面模拟技术，通过表面模型的方法表示主要地质建模，不采用同质化建模的方法。利用数据解释地质界面的数据，包括重建源、测量后的特性属性数据和几何数据的点序列，离散化处理后形成连接在一起的网状补丁。这些补丁可以表示地质全身体的空间特性，并可以运用一定规则来表达属性相同

的点集合形成的表面区域，区域数量是有限的，可用连接点的三角形网络表示。对于不规则的网格，若顶点落在三角形边缘区域中的任何点，也可以通过双方的俯视图和侧视图，从点线性内插的属性值获得三角形顶点的标高，并在分段线性模型上持续地进行。

3.结合地理信息系统（GIS）和岩土工程，利用GIS的查询和分析能力、管理能力和空间能力，解决传统勘察中数据采集的复杂性和数据处理的多样性无助，提供了一个在场地的土壤工程勘察中可视化的地面地理信息系统平台。这个平台可以为岩土工程的决策提供数据处理和制图功能，并能自动计算土壤设计参数，从而大大提高工作效率和设计精度。

第五节　地质勘察中的静力触探技术

一、静力触探的基本原理

静力触探是勘探与测试相结合的一种野外原位勘察手段。其基本原理是利用静压力将探头压入土中，土层的阻力使探头受到一定的压力，土的强度越高，探头所受的压力也越大。探头传感器，可将土层的阻力转换为电讯号，然后由仪表测量出来。为了实现这个目的，运用了三方面的原理，即材料弹性变形的胡克定律、电量变化的电阻定律和电桥原理。探头传感器受力后要产生变形，根据弹性力学原理，当应力不超过材料的弹性范围，其应变的大小与土的阻力大小成正比，而与传感器截面积成反比。因此，只要将传感器的应变大小测出即可得出土阻力的大小，从而求得土的有关力学指标。为了测得传感器应变量，可在传感器上牢固地贴上电阻应变片，当传感器受力变形时，应变片也随之产生相应的应变，从而引起应变片电阻产生变化。根据电阻定律，应变片阻值变化，与应变片的长度成正比，与应变片的截面积成反比，这样就将钢材的变形转化为电阻的变化。但由于钢材在弹性范围内的变形很小，不易测量出来，为此，可在传感器上贴上一组应变片，组成一个桥路，使电阻的变化转化为电压的变化，通过放大就可以测量出来。因此，静力触探就是通过探头传感器实现了一系列量的转换，土的强度—土的阻力—传感器的应变—电阻的变化—电压的输出，最后由电子仪器放大和记录下来，达到测定土强度和其他指标的目的。

静力触探是一种间接的勘探方法，不能直接观察地层岩性，有时贯入曲线具有多解性。为了避免误判，在没有已知资料的地区或场地进行工程勘察时，必须与钻探结合使用，方可取得最佳效果。

二、常用静力触探技术的对比

目前，国内采用的静力触探方法主要有单桥静力触探、双桥静力触探以及孔压静力触探三种，主要以单桥静力触探为主。双桥静力触探虽然已经应用，但发展缓慢，孔压静力触探只有少数单位在使用。

1.单桥静力触探

单桥静力触探早在20世纪60年代就在国内研制成功，由于应用历史较长，相关经验公式较多，且已列入相关规范，故目前在土体工程勘察、监测及检测中有着广泛的应用。但单桥静力触探只能测得一个指标比贯入阻力 P_s，故只能根据 P_s-h 曲线形态变化和 P_s 值的大小对土体进行定名分层。工程实践中对同一层土，由于其形成年代、成因、受荷历时不同，其 P_s 值可相差很多，另外，不同土层也可能具有相同的 P_s 值。毫无疑问，只用一个指标 P_s 值对土层定名分层的分辨率是较低的，工程实践中往往还要借助钻孔取样对比来划分土层。

2.双桥静力触探

双桥静力触探可测得两个参数，即锥尖阻力 q_c 和侧摩阻力 f_s，又可计算出摩阻比 F_R（$F_R=f_s/q_c \times 100\%$），由此可划分土类。根据该项测试资料可得两条曲线，即 q_c-h 和 f_s-h 关系曲线，两相对比分辨率自然就高得多。此外，摩阻比 F_R 也是划分土层极好的参数，一般沙质土的 $F_R \leqslant 1\%$，黏性土则大于 2%。

3.孔压静力触探

20世纪60年代，开始应用孔隙压力探头测孔隙压力及其消散，至20世纪70年代末，将孔隙压力传感器与电测静力触探仪结合起来，命名为孔压静力触探。由于该项技术具有突出优点，在国际上得到迅速发展。孔压静力触探可以测得三个指标，即锥尖阻力 q_c、侧摩阻力 f_s 和孔隙水压力指标 u。故其对土层的分辨率又要比双桥触探高得多，尤其对黏性土层和砂层，孔压静力触探有其独特的优势。这是因为孔压探头所测得的孔隙水压力值 u 的大小与土的渗透性密切相关，如探头进入黏土层时，会产生很大的超孔隙水压力，而当探头由黏土层进入砂层时，u 值将急剧下降甚至为负值，据此可十分方便地区分出黏性土与砂土。

三、静力触探在工程地质勘查中的具体应用

鉴于工程地质勘查工作的重要性和静力触探在工程地质勘查中的重要作用，我们要认真地探究出静力触探在工程地质勘查中的具体应用，把的静力触探作用发挥到极致。

（一）通过静力触探的结果分析对地层进行划分

我国幅员辽阔，土层种类与特点各不相同，静力触探可以运用的范围还是比较广泛的，能够勘测黏土、粉土、软土及粉砂等类型的土石，但是也存在一定的局限性，比如，圆砾、卵石和块石等不能通过静力触探进行勘察。

1.根据静力触探结果划分地层

由于受到风力和流水侵蚀以及各种自然外力和地球内部运动的内力影响，地层的内部构造在横纵方向上都是有差别的，地层就可以根据静力触探的结果进行如下分层：

（1）通过静力触探的方式会得出一个静力触探曲线，在这个曲线中，可以这样描述：如果锥尖阻力小于等于1、大于1小于等于3、大于3小于等于6时，变动的幅度为正负0.1到0.3之间、正负0.3到0.5之间以及正负0.5到1.0之间时，可以把地层归为一层之中。

（2）当经过静力触探探头测出该地的地层呈现出很薄的状态并且是互层状沉积的状态，锥尖阻力的最值之间的差别是小于2的，就可以把这一地层划分为同一层。

（3）在对地层进行分层的时候，应该充分考虑密实土层和软土层之间的互换，注意静力触探的曲线图是否出现"超前"或者"滞后"的情况，在对地层进行分层的时候应该充分考虑这一情况，对地层进行合理划分，避免其对划分结果的影响。

2.根据静力触探的摩阻比对地层进行划分

在勘察人员对工程地质进行勘察的过程中，发现和总结出，在不同的地域范围内，在由于受不同外力影响或者是受内力原因而造成的不同类型地层中，通过静压触探得出的锥尖阻力侧壁摩阻力也是有所不同的，可以锥尖阻力和侧壁摩阻力以及两者之间的比值这三个因素为标准对地层进行划分。

（二）静力触探的结果对于明确地基土的承载力有重要作用

要想确定地基土的容许承载力，仅仅依靠静力触探这一种勘察方式是不能够准确地测得的，需要把静力触探的结果和载荷试验的结果进行对比，并通过两种勘察方式之间的对比来确定某地区地基土所能够承受的承载力，所以说不同地区的地层是需要从自己的实际情况出发，然后根据实际情况合理运用计算公式推测出地基土的容许承载力。

1.通过静力触探预测单桩竖向承载力

我国的工程建设不仅仅是在一些平原地区，随着经济发展已经大规模地开展，为了能够尽量减少地层等自然条件对工程建设的限制，需要对软土地基的地方设置桩基础，桩基础在高层建筑中被广泛运用。现在主要的桩载试验方式有低应变检测、高应变检测、声波透射法和钻孔取芯法等，但是近几年来，静力触探也成为桩载试验的新方式，它能够现场对单桩竖向承载力进行试验，通过静力触探的方式可以测出软地基下各个岩层岩性的锥尖阻力和侧壁摩阻力，然后可以根据单桥探头实测比贯入阻力和双桥头实测成果，利用单桩竖向承载力估算公式得出单桩竖向承载力。

2.在地震动力的作用下砂土液化势可以通过静力触探成果判定

在发生地震的过程中，砂土作为一种具有松散性质的土质，会受到地震力的作用变得非常紧密，当砂土变得紧密之后会使得饱和砂土内部的孔隙水压力突然加大，地震这个过程是十分短暂的，那么在这种短暂的时间之内，这种压力不能够及时消除，砂层会完全丧失抗震能力和承载力。当地震发生时这种巨大的地震动力作用使砂土发生液化，在液化层的影响下地下承压水在受到巨大的压力之后喷涌而出，这时地面之上的建筑物会受到巨大的冲击而遭受破坏。依据住建部所给出的砂土在何种条件下会发生液化的公式进行计算，来判别砂土是否能够发生液化。

3.根据静力触探手段能够测出人防工程

为了抗战的需要，我国在战争时期在城市和农村地区都建设了大量的人防工程，只要自己地区的地质条件符合挖掘地道，就肯定会有很多没有被衬砌的地道。进入和平发展年代之后，这些地道没有引起相关部门的重视，没有对各个地区的地道数量和路线与规模等有进行记录，同时，很多地道口被生活垃圾等掩埋或者遭到破坏，这就为开展工程建设埋下了很大的隐患。通过何种方式检测出这些在地下的人防工程成为某些地区进行工程建设中一个重要的问题。根据静力触探的原理可以知道，当探头受到土层的阻力然后通过传感器显示得出数据，如果静力触探的触探头没有遇到阻力，那么静力触探器所受阻力就为0，静力触探曲线就会呈现直线状态。所以，利用静力触探这种方式可以有效地勘察出地下是否存在空洞，为工程建设除去隐患。

4.可以探测出活断层的地质软弱带分布情况

活断层是指在曾经活动过，在未来的时间里仍然可能会发生活动的断层。一般情况下，活断层内部的运动比较频繁，我国的地震多发带也是活断层的地带，一般分布在我国的西部山地地区，它会通过断层两侧岩石滑动和地震等方式表现出来，对于工程建设或者是建筑物的破坏是毁灭性的，所以必须通过有效的方式来避免。通过近年来在工程地质勘察过程中总结出来的实践经验，发现静力触探的方式是最有效率和简便快捷的。断层的岩层发生断裂位移之后，相对上升的部分会形成山地或者高地，而相对下沉的地方容易形成谷地或低地。在断层发生相对位移之后，断层内部的土质等也会发生相对的错位，通过静力触探的方式可以通过锥尖阻力和侧壁摩阻力的变化来判断出断层内部的走向。另外，断层处也很容易造成地表水的汇集，应该在工程建造中避开。

四、静力触探新技术的发展

静力触探因自身技术条件的局限性，仪器、设备方面的不足，客观水文地质条件和工程条件的复杂性的影响，通常要与其他勘探手段结合起来才能发挥独特的优越性能，才能科学正确地勘测土层物理力学指标。静力触探通常采用不同的传感器取得连续地层的物理参数，并利用计算机进行数据处理，做出综合评价。由此可见，在探头加上不同传感器，即可在技术上形成新触探工艺和方法。目前应用中比较常见的有孔隙水压力探头、波速探头、旁压探头、放射性同位素探头等，除此之外，还有光学设备和声学设备技术等的采用。随着科学技术的发展和工程技术经验的积累，应用多种原位测试信息来进行配套完善的评价分析会逐步普及，新的静力触探手段也会得到广泛应用。

第六节　岩土工程勘察的智能信息化技术

一、简析岩土工程勘察信息化的发展方向

1. 云计算

云计算主要指的是通过互联网进行实时交互之后，调配和反馈动态处理资源。在以往额外业工作中难以及时获得计算技术的支持，需要通过内业判断分析之后修正现场错误，或是重新布置外业工作。技术人员借助云计算技术，能根据外业工作的实际需要，以手机、电脑等方式使用互联网和数据中心连接，依据需求远程进行实时计算获得虚拟结界，用于交互校对数据的正误及质量，防止资源的重复浪费。

2. 物联网

以互联网为基础的"人—机—物"之间的信息交互。针对工程勘察而言，属于融合专业设备、技术员，获得、传送、储存及分析地质体信息的活动，通过物联网技能通过复位实验设备、钻机状态建立获得数据、记录外业数据、获得实验室土工数据等，避免手动二次输入和人工干预，保证数据的客观性和真实性，防止造假或者手误问题。

3. 人工智能

人工智能以计算机技术为基础，扩展与延伸人的智能方法、理论、技术和使用的思维模式，而且能依据变化的环境因素予以科学具体反馈的一种技术。其专业性主要表现在专业技术员针对数据的分析和解读，该项技术能通过自主学习、独立判断、自行修正等模式，依据设定的专家预案库，解读和录入信息化数据，对生成的图件、表格和报告等逻辑成果进行自动化处理。相关技术员仅需要在校验时加以人工干预即可。

4.建筑信息模型

将工程项目整个周期中每个不同阶段的资源、工程信息及过程集成于同一个模型,为工程参与各方提供使用便利。作为建筑工程前期重要阶段的工程勘察,其能为施工监测、地基基础、使用监测等阶段提供所需数据,并成为主要工程信息应用于BIM系统。

二、国内外岩土工程勘察智能信息化研究现状

当下我国岩土工程勘察信息化主要是利用创新信息化技术来实现岩土勘察的信息数字化管理。伴随着信息化水平的不断提升,信息化、集成化的信息化数据处理特点渐渐突出,大大提升了企业生产管理d时间效率。但大部分企业还是坚守陈旧的管理原则,勘察行业要想进一步发展,就必须与信息科技相结合。

1.外业勘察工作智能信息化技术

外业勘察工作主要可以在以下五方面体现智能信息化技术的快速发展:

(1)智能数字图像技术

用光学摄像头对现场进行分析研究就叫作智能数字图像技术。陈旧的勘察信息化技术中最后典型的就是勘察钻孔电视技术。通过电缆将摄像头放置在水井内,之后利用电信号转换原理,在图像中就可以看到摄像头所收集的资料。智能数字图像技术中最具有代表性的就是二维码图像识别技术,可扫描二维码搜索出之前所录入资料与试验样品,当前有很多建筑工地已经开始运用此项技术到。

(2)智能钻探设备及技术

将计算机信息系统、外业勘察钻探装置进行深度融合就成了智能钻探设备,这种设备具有自动化、智能化等属性,能够支持数据的动态采集与处理。安百拓跨国公司所开发出来的智能露天钻机,就具有典型的智能自动化特点,其型号为SmartROC D65。这款产品集成了自动定位、RHS钻杆处理等系统。通过该装置,可以在钻孔过程中支持持续性作业,在具体定位方面,也有着较高的精准性,其成孔质量、生产效率整体较高。然而,这款装置在自动取芯领域的技术水平还不是十分出色。奥地利3GSM企业所开发的岩石三维成像系统,性能较为出色,其名称为ShapeMetrix 3D。具体可以借助专门的相机以及3G系统,对所需数据进行动态采集,在隧道掘进、采矿等诸多领域有着颇为广泛的运用。我国铁道重工也开发出了具有国际领先水平的地质勘察设备,其超前钻探与取芯能够达到千米级别,而且还呈现出智能、自动、一体化等属性。

(3)智能原位测试技术

将信息数据采集技术、外业勘察原位测试装置进行融合,就能称作智能原位测试技术。通过这项技术的运用,能够在测试方面实现数据自动化采集与处理,并具有典型的智能性。

（4）智能勘测技术

利用计算机、AI、现代测绘、无人机等技术完成测绘，就是典型的智慧勘测技术。在这种技术中，主要代表为RTK技术，也就是所谓的载波相位动态实时差分技术，它可以将测量技术进行信息化转变，在岩土勘察领域，可以进行定位、定线，对断面进行测量放样时，其定位精度更是能够达到厘米级，相较于传统设备，如水准仪、全站仪等，在测量速度上更具有优势。当前，我国已有较多的公司成功开发出相应的数据处理、接口系统，能够和测量数据库进行直接对接，并能导入至CAD系统，获得成果图。此外，还有立体激光放样机器人，这种技术就是借助立体激光来对现场情况进行扫描，获得三维空间，从而使得放样效率得到明显提升。目前，中建、北京建工等集团公司已经对这种技术进行了实践应用。超站仪技术：其技术基础为全站仪，但是具有良好的智能性，它可以支持安卓系统，集成了云平台、测图软件、光电机等，属于先进的一体化电子测速仪，可以对竖直、水平角、高差等进行精准化测量。借助移动网络，可以支持数据的实时互通，并能更快地对外业信息进行内业处理，还能支持即时性入库。智能航测技术：利用无人机低空拍摄来获得相关影像数据，之后形成三维模型，实现快速得到地理信息，大大减少了野外测量绘制的工作量。中科遥感与中国大疆等都是较为知名的无人机公司。智能测量计数技术：利用视觉识别技术对钢筋数量进行甄别，对于密集小物体是最快的一种办法，还可以将这种技术运用在智能工地中，进行少人化管理。这个方法已经在实践中加以运用，如在华南理工校区工地就已被实践。

（5）智能视频监控采集技术

美国是最开始研究视频智能监控技术的国家，来源于美国VSAM项目。中国对于此项研究起步比较晚。中科院发明的智能监控技术，已经广泛应用于交通范畴，和较多技术结合在一起形成综合技术工程。在国内有部分研究者对于工程勘察现场进行相应分析，结合现场特点，研究出一项视频智能采集技术。

2.岩土工程地质数字建模

一般收集到的钻孔资料不是特别规整，较为零散，为了便于后期对数据进行处理分析，一些勘察企业把获取到的钻孔材料利用计算机仿真模型建模方法进行三维建模。

（1）地质建模

当前的建模方法主要有不规则格网法与表面模型法。前者是以区域为对象，将其中数个点细分成相连的三角面网格，相关点将处于三角面的内部、边上、顶点，并对其中的点进行插值处理，为此，TIN为分段线性模型；后者则是数字表面模型法，具体借助测点几何与属性特征数据及数据解释结构，来对地质体界面进行重构，进而打造相应的网状曲面片。

（2）三维手段

近年来，三维信息技术越来越被人们所关注。当前，对于数据的二维研究与管理已经逐渐趋于成熟阶段，开始渐渐将关注重点转移到三维工程、数字研究等方面。

（3）三维商业App

国内外已经开始出现多种专业相结合的三维地质建模App，其中有重要影响力的有理正地质GIS、GeoMo3D、GOCAD等。

三、岩土工程勘察智能化系统今后的研究重点

（一）岩土工程勘察智能化技术的重难点问题

传统工程勘察行业的实际工作中存在诸多痛点、难点问题，继续采用传统工作模式无法有效地解决，主要有以下几个方面：

（1）勘察现场外业数据的真实可靠性：主要是勘察现场外业的数据内容、行为数据的真实性容易受到人为因素影响，专门指派工程师全程跟踪的劳动成本高，需要发展多钻机勘察全过程的无人智能长期监控技术。

（2）勘察内业数据重复错误问题：传统勘察流程的纸质数据数字化过程中容易产生大量重复性录入工作而导致错误录入问题，应形成一次录入、快速校验的信息化录入校验技术，减少纸质化工作。

（3）勘察外业录入与室内数据传输流程复杂问题：一些勘察设备及软件的外业与内业环节相对孤立，数据转化使用的流程烦琐，应尽早确定数据标准格式及流程，发展一体化信息化系统技术。

（4）勘察项目管理过程无法分节点审查：传统勘察工程项目过程没有明确的审查节点，应形成信息化的系统，有明确便捷的审查功能，便于把控项目进程。

（5）勘察项目宏观统计数据困难：勘察项目涉及大量地勘数据和实测数据，用于支撑区域地质条件的分析，不仅需要数据共享，还需要数据分析挖掘，应引入人工智能算法，结合地质学统计理论提高分析效率及准确度。

（6）勘察项目总结工作复杂：由于项目涉及数据类型繁多，其总结分析需要数据的量化和简化分析。

综上所述，传统勘察项目实际外业和内业工作中存在各种问题，智能信息化技术的介入可有效解决相关问题。

（二）岩土工程勘察智能化技术的新技术及发展方向

1.勘察四维时空信息可视化技术

岩土工程勘察过程中的信息获取、信息传输、分析管理阶段涉及的时空信息是四维的，即空间三维坐标维度+时间维度。时空信息的获取技术手段除了传统的地理数据获

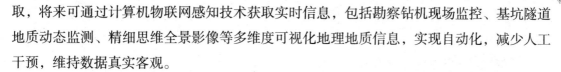

取，将来可通过计算机物联网感知技术获取实时信息，包括勘察钻机现场监控、基坑隧道地质动态监测、精细思维全景影像等多维度可视化地理地质信息，实现自动化，减少人工干预，维持数据真实客观。

2. 云GIS技术

云GIS技术主要在传统GIS技术上，通过大型计算机海量数据存储处理技术，解决密集型地理信息数据高性能计算的问题，在岩土工程勘察行业，云GIS技术的应用可以解决现场外业工作无法及时获取计算技术支持的痛点，使得技术人员可根据现场需要，通过计算机接入云端数据中心，结合工程情况按需实时计算得到结果，交互校对数据指导工程施工。

3. 大数据智能感知挖掘技术

大数据智能感知及挖掘技术主要用于岩土工程勘察的智能物探、智能地质预测分析方面。在传统的物探技术生成的数据以及传统钻探生成的地质序列及分布数据后，利用数据挖掘理论，结合地质统计学理论，对实测结果及历史测量结果进行统计分析，从而对区域工程地质概况形成宏观认识，对潜在场地不稳定因素进行预判。

4. BIM技术信息化系统开发

BIM最早是通过数字仿真模拟建筑物的技术，近几年引入BIM技术在岩土工程项目管理中的应用主要在建筑、结构、基础、地质等三维可视化及协同数据计算。但目前如何更好地实现建筑、结构、基础与三维岩土地质的相互作用计算以及精细化的水-岩结构耦合模拟，将岩土工程勘察成果作为背景数据，融入工程项目全生命周期过程进行计算分析仍是亟待解决的难题。

5. 一体化数据库及大数据分析系统

岩土工程全生命周期涉及多方面环节，因此，一体化勘察设计系统也涉及勘察、设计、监测、检测等多环节的数据，但由于各环节相互孤立，存在数据多源化、数据格式标准化问题，使得一体化系统的数据"打通、共享"成为限制其发展的主要力量。然而随着信息化技术的普及，行业中数据格式逐渐走向规范化，行业信息化标准也逐渐建立，多元数据融合及一体化系统搭建逐渐成为主流趋势，其中的技术难点是建立公开统一的信息交换标准，以保障信息资源的准确性、扩展性、无障碍交换性。

6. 人工智能+视觉识别技术

由于工程勘察环境的随机性及容易受到多因素扰动的复杂环境问题，应用人工智能算法可以通过分析岩石图像的特征从而建立岩石岩性识别的数学模型，使识别过程智能化、自动化。但视觉识别技术对岩性识别仍不够精确高效，主要在于工程勘察现场实际岩土照片与标准岩石薄片的差别较大，视觉识别技术精度容易受到扰动，具有小样本性；有的岩土勘察芯样图像需要识别的信息多，具有多标签语义特征；同时还须满足工程现场的快速分析计算要求，识别效率要求高，因此，需要进一步对视觉识别技术的多标签识别、小样本特征、迁移学习等技术进行深入研究。

7.互联网+虚拟现实技术

由于工程勘察环境的随机性及容易受到多因素扰动的复杂环境问题，通过虚拟现实和增强现实技术可以加强外业和内业工作的感知及有效沟通。5G互联网技术、大数据分析及数据挖掘、物联网技术，为工程勘察的智能信息化提供了大数据高速计算的良好平台，目前虚拟现实技术刚刚起步，尚未得到广泛的普及应用，大多数工程项目仅作为一种试验性技术。工程勘察的人工智能需要人的辅助判断，虚拟现实技术提供了一种缩短时空距离的解决方案。

第七节　在岩土工程量测中的光纤测量技术

一、光纤测量技术概述

（一）光纤传感器的主要类型

按照光纤在传感器中所起的作用，光纤传感器可以分为功能型、非功能型和拾光型三大类。

（1）功能型光纤传感器：这类传感器利用了传感光纤本身所具有的某种敏感特性或功能，当外部环境发生变化时，改变了某段光纤的相对位置和形状，导致光纤某些传输特征参量（如光强、波长、频率、相位、偏振态等）的改变，再通过先进的装置和检测技术实现对被测对象的测量，结构紧凑，灵敏度高，成本较高。

（2）非功能型光纤传感器：这类光纤传感器主要是由传光的光纤和用来感知的其他敏感元件构成。工作原理是由敏感元件探测外部环境变化，由普通光纤完成探测信息的传输。特点是不需要使用特种光纤及其他特殊技术，可以充分利用现有的光变换器件来提高传感器的灵敏度，成本较低，也是目前使用量最大的光纤传感器。

（3）拾光型光纤传感器：这类光纤传感器的主要特征是用特种光纤作为探头，接收由被测对象辐射的光或被其反射、散射的光。因此，这类传感器又可称为探头型光纤传感器，如光纤激光多普勒速度计、辐射式光纤温度传感器等。

（二）基于微弯原理的光纤测量技术

当光纤承受外力或压力产生位移而发生微弯曲时，光纤芯中的传导模式就会溢出到包层成为包层模，从而使其中传输的光能量产生相应的衰减。当接收光强与光纤微弯产生的位移量之间的函数关系和光纤微弯产生的位移量与外部荷载之间的函数关系确定后，可通过测量接收的光强确定光纤微弯产生的位移量和承受的外力。通常光强与小位移间的关系是线性的，量程一般较小；而与大位移间的关系是非线性的，量程一般较大。基于微弯原理的敏感元件通常具有测量精度高、成本低、不受环境因素影响等优点。位移、压力、应力、应变、振动等机械参量的量测大都是通过位移量测来实现的。将这些参量的变化转换为光纤位移的变化，通过测量光纤位移的变化即可实现对上述参量的量测。

二、光纤测量技术在岩土工程中的实际应用

（一）岩土工程测量

岩土工程施工环境较为恶劣，且施工操作的不可控因素较多，易受到施工环境及人为要素影响，所以在施工测量方面，基于传感器测量优势将岩土层位移、压力及应力变化等纳入岩土工程光纤测量准则，从而实现岩土工程测量的合理化运用。光纤岩土工程测量由多个系统构架设计完成，在使用测量阶段，可针对环境变化问题及自然灾害问题做出预警判断，进一步提高岩土工程测量的前瞻性，为工程测量技术问题及数据问题的解决提供有效的技术帮助。

（二）岩土现场测量

岩土现场测量尤为重要，是衡量光纤测量技术运用灵活性及环境适应性的重要标准。现代岩土市场施工涉及内容较为繁复，不同技术内容所需的岩土测量数据略有不同，由于部分岩土工程岩土结构密度较高，在预期的岩土工程数据测量方面，无法全面地测量岩土数据，继而需要在施工现场进行实地测量作业，并根据岩土工程设计方案，对部分测量内容及数据进行调控，以便使岩土光纤数据测量符合工程施工作业的基本需要。

（三）边坡施工测量

岩土工程光纤边坡测量主要针对边坡形变问题进行解决。边坡形变问题的产生，主要由于工程施工高强度土层振捣，使土层密度下降，从而出现边坡形变及塌陷情况，影响工程施工作业安全及施工进度，所以需要在岩土工程测量阶段，利用光纤测量技术对岩土工程边坡结构的实际稳定性进行了解，以便更好地制订边坡形变应对方案，通过边坡光纤测量实现对边坡形变问题的控制，使各项岩土工程作业均按照预期设计内容井然有序地顺利进行。

三、光纤测量技术岩土工程应用途径

光纤测量技术岩土工程施工应用虽总体优势较高，但在实际操作方面，仍受到环境等相关因素的影响，需要在现阶段的技术应用方面，针对相关的技术性及管理操作性问题予以解决，以便使光纤测量技术切实地在岩土工程测量方面发挥实际效用。

（一）提高测量信号波长

信号是光纤测量技术应用的重要基础，信号数据传输的稳定性及准确性直接影响后续阶段对岩土层结构施工的实际判断，所以在信号数据方面，要不断根据地理环境提高信号波长，使各个数据节点均实现有效覆盖，解决光纤测量数据信号传输不稳定问题。现阶段的光纤测量主要采用光路系统测量，信息稳定性较低，且遇到高密度岩土层结构信号传导能力差，因此，在后续的技术应用阶段，可选用数字信号或无线网络信号提高信号传输质量，以此为光纤测量技术的岩土工程应用提供信号技术支持。

（二）提升信号采集控制能力

信号采集能力的提升，目的在于解决信号干扰问题，避免设备振动及横向应力对信号的数据输出及输入形成影响。首先要制订有效的信号特征提取方案，结合信号传输设备的特点，设置多种信号信道传输节点，在不同信号传输节点进行信号传输控制，以便有效地针对信号传输干扰问题建立完善的信号传输机制。

（三）合理安装分布方式的选择

光纤传感器技术安装根据被测量数据内容的不同，需要对光纤传感测量设备进行延长，在此过程中光纤结构与套管之间应选择适宜的填充材料进行填补，以便保障数据测量的准确性，避免在数据测量方面出现断流情况。填充物的选择需要尽可能地与被测结构性质保持一致，如在岩土工程测量方面，可选用部分岩土物料进行填充，继而使数据测量与岩土工程环境结构步调一致。

（四）完善分布式系统融合

现阶段岩土工程作业系统布置方式需要根据地理环境及地质结构等因素进行设置，不同环境下相关数据处理及获取能力各有不同，所以要重视对布置方式的科学选用。分布式系统在光纤测量布置设计方面应用广泛，能够实现多元化测量数据端口衔接，有效适应多种岩土工程施工。分布式系统应用虽可有效地覆盖被测对象的全面信息，但相比于FBG传感器信号传输仍存在信号空间分辨力不足及空间数据获取内容单一问题，不仅在物理层级数据传输能力较差，在关键数据参数的测量方面，也有数据测量不准确及数据测量稳定性不高问题。对此，要采用分布式系统进行技术整合，通过分布系统应用实现对关键测量节点的优化，以便解决分布式测量的技术问题。

第八节　基于视觉技术的岩土工程高边坡外观变形智能监测技术

一、影响岩土工程边坡稳定性的因素

1.地形地貌和地质构造

地形地貌与边坡间岩体破坏有着紧密联系，部分地区地质条件相对复杂，从而影响岩土工程施工的正常开展，导致边坡失稳的概率较大。一些开阔地形区域，如山间区平缓地段、山体河流地段等，在遇降水量较大时，也会出现大面积积水问题，在水体作用下，会降低边坡稳定性。再者，边坡的地质构造情况也会影响边坡失稳。

2.岩体结构

岩体结构主要包括结构面、结构体。结构面是岩石不连续面、异形面、形态、方向、规模都较为固定。而结构体是不同状态结构面，岩体整体的切割性十分严重，大多由块体构成。

3.人为因素

在岩土工程建设中，如果某个地区的开发程度大，则会导致岩土结构失衡，从而影响边坡稳定性。在土方开挖中，影响边坡稳定性的因素包括坡高、坡比，这两个因素与边坡稳定性呈反向关系，也就是坡高、坡比越大，稳定性就越差。如果开挖深度超过了设计标准，就会对边坡造成较大的破坏，甚至还会造成边坡岩体面位移、坍塌。另外，施工用水和坡顶荷载也是影响边坡稳定性的因素。

二、边坡变形失稳形态及特征

自然地质条件很复杂，而且边坡失稳变形的影响因素也很复杂，这些使得边坡变形形态具有多样性。我们必须对边坡变形形态进行分类，并归纳其变形特征，以这种方式抓住变形边坡各自不同的特征。边坡变形形态的类型虽然是复杂的，但是事物内部存在的规律性却又规定了它们各自在变形机理、破坏方式上的同一性，体现在变形失稳形态的共同点上，使我们有可能对这些变形形态进行分类。

各个不同变形边坡的特征产生的内部条件不同，使得它们具有坍塌、倾倒及蠕动的特征，若将它们纯粹地称为失稳崩滑显得太笼统。为了问题的研究方便，据变形边坡的不同结构条件、形成机理，可将坡体变形失稳的形态分为坍滑、倾滑及蠕滑，其各自的形态特征分述如下：

坍滑：主要是前缘及上部有微量的坍塌发生，后缘及下部倾倒轻微，整体性好；这类失稳形态存在统一的滑动面，滑带物质多为软质破碎岩土，坍滑方量较大；滑面可为顺层，亦可为切层，视不同情况而有所差异；失稳岩层呈反叠瓦状，后缘可见空当区；切层坍滑体滑面呈弧形，主要切过在边坡部分出露的厚层黏土岩层，滑动面在边坡坡脚处为顺层状，坍滑岩体中部岩层相对完整，层位正常，但也呈现裂隙拉开、变宽。发生坍滑的坡体一般可以分为前缘压碎区、中部破裂区、后缘拉开区。

倾滑：这类失稳形态的明显特征是在变形岩体中，局部或所有岩体向岩坡下方（顺层倾斜方向）发生不同程度的旋转倾斜，前缘呈崩塌形态，后部伴随顺坡滑移。地质特征是层面节理和走向节理发育，将岩体切割成块；单层块体的旋转较少，多层砂岩受垂直贯通节理切割，块体集合体成方柱形，向岩层倾向方向倾倒。地面变形大造成柱状组合块体的弯折破坏，变形体和完整岩体呈逐渐过渡，旋转倾斜后的层面倾角可达70°～80°，甚至直立。由于岩体向前倾斜，位于后方的岩块顺节理面走向且向岸里方向相对下降，形成一系列与坡面方向相反的反陡台坎。这种变形体有的从坡顶到坡脚是一体的，有的则是多级的，在每一级的变形岩体中，每一岩体与其上下左右相邻岩块之间几乎都有一些错动，造成变形岩体呈现一种破碎形式。但这种相对错动的量都不大，整个岩体的原有层次并无大的扰动错移；此种变形体底裂面（变形岩体和正常岩体的界面）为台阶状，不存在统一滑动面，后缘大都以一组大的贯通性裂隙或断层为界，倾倒体范围一般水平向坡内延伸为10～20 m，铅直发育深度一般小于20 m。

蠕滑：这种失稳形态多分布于较厚层黏土岩夹砂岩地层之边坡处，在顺坡向或反坡向地层中均肯能存在。发育规模一般在顺坡向地段水平向坡内延伸可达几十米，铅直向下可达十几米；在反坡向地段，其规模较小，只有2～3m。此种变形没有上述两种变形严重。较厚层黏土岩或泥质粉砂岩呈蠕变，塑性变形挤出，层面附近有皱折现象，而夹于软弱岩层之间的刚性层内块体产生旋转，出现角位移，呈反叠瓦构造，变形体整体有滑移迹象。

三、视觉技术在边坡监测中的应用

1. 边坡监测方法对比

现阶段应用于边坡的变形监测方法很多，主要有人工现场观测法、GPS监测法、激光三维成像法和图像法等，这几种方法的监测原理和优缺点如表4-1所示。

2. 视觉技术

计算机视觉和机器视觉虽然都是属于人工智能的视觉技术，其中机器视觉主要分为图像获取、图像分析与处理、输出显示或控制三个部分，根据边坡工程对表面变形的监测内容大致是位移变形和裂缝裂纹，因此，利用机器视觉来对边坡不同角度的变形量识别以及利用计算机视觉对裂缝裂纹的生长分析可能会更为合适。

在利用人工智能视觉技术对边坡表面变形进行监测时，需要不时对比变形前后的一些特征点来计算相应的变形量，而形状匹配算法的研究正是判定边坡表面变形的关键。在计算机视觉和模式识别中，形状是对目标范围的二值图像表示的，可以看成目标的轮廓，它是用于目标识别的重要特征。

表4-1　边坡表面变形的主要测量方法

方法 对比项	原　理	优　点	缺　点
人工观测法	坡面上设置观测点，人工观测	成本低	效率低、单一化、仅用于危险已知的场合
GPS 监测法	坡面上设置观测点，人工观测利用全球卫星定位技术，三点定标原理	测量时间短、效率高、定位精度高、设备操作简单	监测精度受制于时钟精度、成本高，难以大规模使用
激光三维成像法	原理类似 GPS	测点精度高	扫描时间长，边坡上的附着物易影响测量精度
视觉技术	先识别目标对象获取其平面投影参数，再三维重构获取目标阵、空间坐标	精度高、测速快、适配性好、抗干扰强度高	摄像机位置及角度标定过程较为复杂，且其标定结果易受野外环境影响，需大量后期维护

3.形状匹配的关键技术

为节省存储空间和易于特征计算，通过编码方式和简化方式来对形状做进一步的表示。本书介绍几种应用较多的形状表示方法。

（1）链码：是用曲线起始点的坐标和边界点方向代码来描述曲线或边界的方法。常用的链码为4联通链码和8联通链码。4联通链码的邻接点有4个，分别在中心点的上、下、左、右。8联通链码比4联通链码增加了4个斜方向，因为任意一个像素周围均有8个邻接点，而8联通链码正好与像素点的实际情况相符，能够准确地描述中心像素点与其邻接点的信息，如图4-1所示，通过链码抽取关键点形成一种相对于平移、旋转、尺度不变的旋转表示方法和一系列算法，使得在计算各种不同形状特征时变得相对简单。

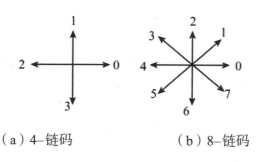

（a）4-链码　　　　　（b）8-链码

图4-1　4-链码和8-链码示意图

（2）样条：是指通过一组给定点采集来生成平滑曲线的柔性带。样条常用于函数插值和曲线近似。插值既可以简化形状，也可以增加形状的边缘点数，从而达到调整数据的目的。样条有最小化曲率的优点，可以利用最小平均曲率的曲线近似给定的函数曲线。

（3）多边形逼近：是用多边形线段来近似形状边缘，即以最小误差、最小多边形周长、最小多边形内部面积或最小多边形外部面积作为近似准则。目前在视觉识别领域运用最广的计算机视觉库Open CV在处理目标外形轮廓时也主要用多边形逼近的方法。

（4）基于尺度空间特征点提取技术：基于尺度空间的特征点提取方法是一种流行的形状简化方法。该方法基于尺度不变特征变换（SIFT）特征，这种特征还具有较高的辨别能力，有利于后续的匹配。

近年来应运而生的变形监测发展很快，尤其是仪器的发展。发展特点可概括为：遥测、遥控、动态、连续、实时、智能化、高可靠性、高精度及网络化、数字化、自动化等。随着监测技术和仪器设备的发展，自动化监测技术应用于高边坡、深基坑监测，取得了丰富的研究成果，并逐步建立了深基坑动态设计和信息化施工的模式。目前，贵州省边坡工程监测技术已发展到较高水平，由过去人工地表量测等简易监测，发展到用仪器量测，正逐步实现监测自动化、高精度的监测。

第五章　地表水与地下水资源研究

地表水资源与水文分析的主要内容包括两大部分。首先是地表水资源的分析、估算。通过对年降水、年蒸发、年径流的分析，揭示它们的年际、年内变化及地区分布的规律和特点。为了算清水账，必须对地表水、土壤水、地下水之间的相互转化做出定量的研究，而且还要探讨各种人类活动是如何对上述水平衡要素的时空变化施加影响的。这些内容构成了地表水资源评价的基础。[①]

第一节　水文与水资源的特性及关系

一、水文现象的概念及其基本特性

地球上的水在太阳辐射和重力作用下，以蒸发、降水和径流等方式周而复始地循环着。水在循环过程中的存在和运动的各种形态统称为水文现象。水文现象在时间和空间上的变化过程具有以下特点：

1.水文过程的确定性规律

从流域尺度考察一次洪水过程，可以发现暴雨强度、历时及笼罩面积与所产生的洪水之间的因果联系。从大陆或全球尺度考察，各地每年都出现水量丰沛的汛期和水量较少的枯季，表现出水量的季节变化，而且各地的降水与年径流量都随纬度和离海距离的增大而呈现出地带性变化的规律。上述这些水文过程都可以反映客观存在的一些确定性的水文规律。

2.水文过程的随机性规律

自然界中的水文现象受众多因素的综合影响，而这些因素本身在时间和空间上也处于不断变化的过程之中，并且相互影响，致使水文现象的变化过程，特别是长时期的水文过程表现出明显的不确定性，即随机性，如年内汛、枯期起讫时间每年不同；河流各断面汛期出现的最大洪峰流量、枯季的最小流量或全年来水量的大小等，各年都是变化的。

---

① 杨诚芳.地表水资源与水文分析 [M].北京：水利电力出版社，1992.

二、水资源的概念及其特性

（一）水资源概念

随着1894年美国地质调查局水资源处的成立，"水资源"一词正式出现并被广泛接纳。在经历了人类的不同发展时期后，出现了多种对水资源的不同界定，其内涵也得到不断的充实和完善。在《大英百科全书》中，水资源被定义为"全部自然界任何形态的水，包括气态水、液态水和固态水"。这个定义为水资源赋予了极其广泛的内涵，却忽略了资源的使用价值。在1963年英国的《水资源法》中，水资源又被定义为"具有足够数量的可利用水资源"，在这里则强调了水资源的可利用性特点。1988年，在联合国教科文组织（UNESCO）和世界气象组织（WMO）共同制定的《水资源评价活动——国家评价手册》中，水资源则更详细地被定义为"可以利用或有可能被利用的资源，具有足够数量和可用的质量，并在某一地点为满足某种用途而可被利用"。当然，这也不是对水资源的最终定义。一般来说，水资源的概念存在着广义和狭义之分。广义的水资源，是指人类能够直接或间接利用的地球上的各种水体，包括天上的降水、河湖中的地表水、浅层和深层的地下水（包括土壤水）、冰川、海水等。狭义的水资源，是指与生态环境保护和人类生存与发展密切相关的、可以利用的、而又逐年能够得到恢复和更新的淡水，其补给来源为大气降水。该定义反映了水资源具有下列性质：①水资源是生态环境存在的基本要素，是人类生存与发展不可替代的自然资源；②水资源是在现有技术、经济条件下通过工程措施可以利用的水，且水质应符合人类利用的要求；③水资源是大气降水补给的地表、地下产水量；④水资源是可以通过水循环得到恢复和更新的资源。

对于某一流域或局部地区而言，水资源的含义则更为具体。广义的水资源就是大气降水，地表水资源、土壤水资源和地下水资源是其三大主要组成部分。对于一个特定范围，水资源主要有两种转化途径：一是降水形成地表径流、壤中径流和地下径流并构成河川径流，通过水平方向排泄到区域外；二是以蒸发和散发的形式通过垂直方向回归到大气中。因为河川径流与人类的关系最为密切，故将它作为狭义的水资源。这里所说的河川径流包括地表径流、壤中径流和地下径流。

常说的"水资源"（或计算的水资源量）有两种不同的含义。一般在流域或区域水资源规划中，常常用到的是狭义水资源，即河川径流。另外，为了避开人类活动的影响，便于对比分析，人们又经常计算天然状态下的水资源量，并将其作为一个流域或区域水资源规划或配置的基础流量。本书在没有特别说明的情况下均把天然状态下的河川径流作为水资源量来计算。

（二）水资源的特点

关于水资源的特点，则要列举以下几点：

1.流动性

水资源是一种流动性很强的自然资源。这是因为所有的水都是流动的，不仅如此，自然界中的大气水、地表水、地下水等各种形态的水体在水文循环的过程中还可以相互转化。因此，水资源难以按地区或城乡的界线硬性分割，而只应按流域、自然单元进行开发、利用和管理。

2.可再生性

地球上存在着复杂的、大体以年为周期的水循环，当年水资源的耗用或流失，又可为来年的大气降水所补给，形成了资源消耗和补给间的循环性，使得水资源不同于矿产资源，而成为一种具有可再生性和可供永续开发利用的资源。所以，在对水资源量、水能资源量进行计算和分析评价时，尤其是在和其他不具有可再生性、不能永续使用的资源进行比较时，不能只看到一年内的数量，更要注意其可以不断恢复和更新的资源量。同时，也应指出，水资源的可再生性并不意味着它是一种取之不尽、用之不竭的资源。实际上，就一定区域、一定时段（年）而言，年降水量虽然有或大或小的变化，但总是一个有限值，这就决定了区域年水资源量的有限性。总而言之，无限的水资源循环和有限的大气降水补给，规定了区域水资源量的可再生性和有限性。水资源的超量开发消耗，或动用区域地表水，地下水的静态储量，必然造成超量部分难以恢复，甚至不可恢复，从而破坏自然生态环境的平衡。因此，就多年平衡意义而言，水资源的多年平均年耗用量不得超过区域多年平均资源量。

3.多用途性

水资源是具有多种用途的自然资源。水量、水能、水体均各有用途。人们对水的利用十分广泛，包括生活用水、生产用水和生态用水三大类，具体的用水部门有：①居民生活用水；②农业（包括林、牧、副业）生产用水；③工业生产用水；④水力发电用水；⑤船、筏水运用水；⑥水产养殖用水；⑦生态环境用水（包括娱乐、景观用水）等。

4.公共性

许多部门都需要用水，这就使水资源具有了公共性。《中华人民共和国水法》明确规定，水资源属于国家所有。任何单位和个人引水、截（蓄）水、排水，不得损害公共利益和他人的合法权益。

5.利与害的两重性

水资源的利、害两重性主要表现为：一方面，水作为重要的自然资源可用于灌溉、发电、供水、航运、养殖、旅游及净化水环境等各个方面，给人类带来各种利益；另一方面，由于水资源时间变化上的不均匀性，当水量集中得过快、过多时，不仅不便于利用，还会形成洪涝灾害，甚至给人类带来严重灾难，到了枯水季节，又可能出现水量锐减，满足不了各方面需水要求的情形，甚至给经济社会发展造成严重影响。水资源的利、害两重性不仅与水资源的数量及其时空分布特性有关，还与水资源的质量有关，当水体受到严重污染时，水质低劣的水体可能造成各方面的经济损失，甚至给人类健康及整个生态环境造成严重危害。人类在开发利用水资源的过程中，一定要用其利，避其害。"除水害、兴水利"一直是水利工作者的光荣使命。

三、水文与水资源的关系

（一）我国水文工作与水资源管理的关系

水文是为解决国民经济建设和社会经济迅速发展中的水问题提供科学决策依据，为合理开发利用和管理水资源、防治水旱灾害、保护水环境和生态建设等提供全面服务的一项工作。在新的历史时期，水文工作赢得了水利部、各级政府和有关部门的多方关注和重视。机构改革之后，水利部下设水文司，为水利防汛抗旱等工作发挥尖兵和耳目的作用。

当前，我国区域人口增长，社会经济发展使得水资源供需矛盾成为全球性的普遍问题。中国作为发展中大国，水资源开发利用和管理中存在着许多问题，诸如水资源短缺对策、水资源持续利用、水资源合理配置、水灾害防治以及水污染治理、水生态环境功能恢复及保护等目前已成为亟待研究和解决的问题。而水文对水资源的开发、管理、节约、利用、保护的积极作用已经越来越明显，是解决水资源问题不可缺少的重要助推力。

（二）水文对解决新时代水资源问题的重要性

1.在水资源工作中发挥基础性作用

（1）提供科学的决策依据，在防汛抗旱工作中发挥积极作用。水文部门及时提供雨情、水情、旱情等信息，提前进行准确预报，为防汛抗旱的科学调度决策发挥了重要作用，保障了人民生命和财产的安全，从而有效遏制了水资源流失、水旱灾害的发生。水文是防汛抗旱的尖兵和耳目，其中水情部门更是防汛工作的"情报部"和"参谋部"，水文工作的多样性奠定了其在水资源工作中的基础性作用。

（2）提供新的服务，对水土保持监测和分析工作做出贡献。我国是世界上水土流失最严重的国家之一，及时准确地了解水土流失程度和生态环境状况十分关键，水文部门积极开展水土保持监测和分析工作，对预防水土流失和保护水资源具有重要意义。按照"节水优先、空间均衡、系统治理、两手发力"的治水新思路，水文的服务领域得到进一步拓展，水文的基础性服务作用更加突出。

（3）发挥自身优势，在应对突发性水事件中起到的作用越来越大。我国突发性的山洪灾害和水污染事件频繁发生，造成的水资源损失和社会影响也越来越大。针对紧急情况，水文部门能利用自身优势快速反应，全国共有34个地（市）级水文机构实行了省级水行政主管部门与地（市）政府双重管理，40个县（市）级水文机构实现了地（市）水文机构与县级政府的双重管理，当遇到突发性水事件时，能第一时间开展山洪调查和水体监测并提供数据以供上级决策，加强了调查结果的可靠性，对灾害的定性起到了非常关键的作用。

2.在解决水资源问题上提供技术支撑

近年来，我国水文行业发展良好，各级政府及上级领导对水文工作者在基层的付出和贡献给予了充分肯定，各地通过多种渠道加大了对水文事业的资金和人员投入，极大地推动了水文行业的技术进步和人才培养。

我国的水文事业在水文站网规划布设、水文测验、水文情报预报、水文分析计算、水资源调查评价、水文科学研究等方面取得了巨大成就，为历年防汛抗旱、水工程规划设计及运行、水资源开发利用及管理、水环境保护和生态修复等关乎国民经济建设和社会发展的工作发挥了巨大的作用。

随着水资源管理的任务越来越重，水资源问题日益突出，水文部门的作用越来越明显。为了有效保护水资源，实现水资源的可持续利用发展，水文部门积极做好水功能区的监测，开展水文勘测、水权转换研究、水平衡测试、水量水质综合评价试点、水资源论证和防洪评价等工作，为江河治理和水资源可持续开发利用提供了技术支撑。

第二节　地表水的来源与地表水资源

一、地表水概述

地表水为河流、冰川、湖泊（水库、洼淀）、沼泽、海洋等水体的总称。广义地讲，以液态或固态形式覆盖在地球表面上、暴露于大气的自然水体，都属于地表水。人们通常所说的地表水并不包括海洋水，属于狭义的地表水的概念，主要包括河流水、湖泊水、冰川水和沼泽水，并把大气降水视为地表水体的主要补给源。[①]

虽然任何地表水系统的自然水仅来自该集水区的降水，但仍有其他许多因素影响此系统中的总水量多寡。这些因素包括了湖泊、湿地、水库的蓄水量、土壤的渗流性、此集水区中地表径流之特性。人类活动对这些特性有着重大的影响。人类为了增加存水量而兴建水库，为了减少存水量而放光湿地的水分。人类的开垦活动以及兴建沟渠则增加了径流的水量与强度。

---

① 刘凯，刘安国，左婧.水文与水资源利用管理研究[M].天津：天津科学技术出版社，2021.

当下可供使用的水量是必须考量的。部分人的用水需求是暂时性的，如许多农场在春季时需要大量的水，在冬季则丝毫不需要。为了给这类农场供水，表层的水系统需要大量的存水量来收集一整年的水，并在短时间内释放。另一部分的用水需求则是经常性的，像是发电厂的冷却用水。为了给发电厂供水，表层的水系统需要一定的容量来储存水，当发电厂水量不足时补足即可。

二、地表水资源的形成与来源

地表水资源指地表水中可以逐年更新的淡水量，是水资源的重要组成部分，包括冰雪水、河川水和湖沼水等。地表水由分布于地球表面的各种水体，如海洋、江河、湖泊、沼泽、冰川、积雪等组成。作为水资源的地表水，一般是指陆地上可实施人为控制、水量调度分配和科学管理的水。

从供水角度讲，地表水资源指那些赋存于江河、湖泊和冰川中的淡水；从航运和养殖角度来讲，地表水资源主要指河道和水域中所赋存的水；从能源利用角度来讲，地表水资源主要指具有一定落差的河川径流。

（一）降水

降水是指空气中的水汽冷凝并降落到地表的现象，包括两部分：一是大气中水汽直接在地面或地物表面及低空的凝结物，如霜、露、雾和雾凇，又称为水平降水；二是由空中降落到地面上的水汽凝结物，如雨、雪、冰雹和雨凇等，又称为垂直降水。但是单纯的霜、露、雾和雾凇等，不做降水量处理。在中国，国家气象局地面观测规范规定，降水量仅指的垂直降水，水平降水不作为降水量处理，发生降水不一定有降水量，只有有效降水才有降水量。一天之内 50 mm 以上降水为暴雨（豪雨），25 mm 以上为大雨，10 ~ 25mm 为中雨，10 mm 以下为小雨，75 mm 以上为大暴雨（大豪雨），200 mm 以上为特大暴雨。

（二）径流

径流是指降雨及冰雪融水或者在浇地的时候在重力作用下沿地表或地下流动的水流。径流有不同的类型，按水流来源可有降雨径流和融水径流以及浇水径流；按流动方式可分为地表径流和地下径流，地表径流又分坡面流和河槽流。此外，还有水流中含有固体物质（泥沙）形成的固体径流，水流中含有化学溶解物质构成的离子径流等。

流域产流是径流形成的第一环节。同传统的概念相比，产流不只是一个产水的静态概念，而是一个具有时空变化的动态概念，包括产流面积在不同时刻的空间发展及产流强度随降雨过程的时程变化。同时，产流又不只是一个水量的概念，而是一个包括产水、产沙和溶质输移的多相流的形成过程。此外，产流主要发生在流域坡面上，对不同大小的流域而言，坡面面积所占的比重不同，坡面上各种影响产流的因素，包括植被、土壤、坡度、土地利用状况及坡面面积和位置等在不同大小的流域表现不同。

流域的降水，由地面与地下汇入河网，流出流域出口断面的水流，称为径流。液态降水形成降雨径流，固态降水则形成冰雪融水径流。由降水到达地面时起，到水流流经出口断面的整个物理过程，称为径流形成过程。降水的形式不同，径流的形成过程也各异。我国的河流以降雨径流为主，冰雪融水径流只是在西部高山及高纬地区河流的局部地段发生。根据形成过程及径流途径不同，河川径流又可由地面径流、地下径流及壤中流（表层流）三种径流组成。

径流是大气降水形成的，并通过流域内不同路径进入河流、湖泊或海洋的水流。习惯上也表示一定时段内通过河流某一断面的水量，即径流量。按降水形态分为降雨径流和融雪径流。按形成及流经路径分为生成于地面、沿地面流动的地面径流；在土壤中形成并沿土壤表层相对不透水层界面流动的表层流，也称壤中流；形成地下水后从水头高处向水头低处流动的地下水流。广义上，径流还包括固体径流和化学径流。径流是引起河流、湖泊、地下水等水体水情变化的直接因素。其形成过程是一个从降水到水流汇集于流域出口断面的整个过程。降雨径流的形成过程包括降雨、截留、下渗、填洼、流域蒸散发、坡地汇流和河槽汇流等。融雪径流的形成需要有一定的热量，使雪转化为液体。在融雪期间发生降雨，就会形成雨雪混合径流。影响径流的因素有降水、气温、地形、地质、土壤、植被和人类活动等。

（三）河流

河流是指由一定区域内地表水和地下水补给，经常或间歇地沿着狭长凹地流动的水流。河流是地球上水文循环的重要路径，是泥沙、盐类和化学元素等进入湖泊、海洋的通道。中国对于河流的称谓很多，较大的河流常称江、河、水，如长江、黄河、汉水等。浙、闽、台地区的一些河流较短小，水流较急，常称溪，如台湾的蜀水溪，福建的沙溪、建溪等。

1.河流形态特征
河流形态特征一般包括地貌特征和几何特征两方面。
（1）地貌特征
较大的河流上游和中游一般具有山区河流的地貌特征：河谷狭窄，横断面多呈V或U形，两岸山嘴突出，岸线犬牙交错很不规则；河道纵向坡度大，水流急，常形成许多深潭；河岸两侧形成数级阶地。平原河流在松散的冲积层上，地貌特征与山区河流很不相同。横断面宽浅，纵向坡度小，河床上浅滩深槽交替，河道蜿蜒曲折，多曲流等。

（2）几何特征

河流的几何特征可用以下参数表示：自河口沿干流至支流最远点的长度称为河长。河长基本上能反映出河流集水面积的大小。河源与河口的垂直高差称为河流的落差。落差大表明河水能资源丰富。落差与河长的比值称为河流的比降，比降越大河道汇流越快。河流实际长度与河流两端直线距离的比值称为弯曲系数，弯曲系数越大，对洪水宣泄越不利。

2.河流水文动态

河流水文动态包括河流补给、径流变化、河流热状况、河流化学变化、河流泥沙运动和河水运动等。河流补给主要有雨水、冰雪融水、湖泊、沼泽水和地下水。雨水是热带、亚热带和温带地区河流的主要补给源，北温带和寒带地区河流主要靠冰雪融水补给。中国雨水对河流的补给量一般由东南向西北减少。西北内陆地区的河流以高山冰雪融水为主要补给，雨水补给居次要地位。地下水在枯季是河流的主要补给。中国西南广大岩溶地区，地下水补给占有相当大的比重。

（四）流域

流域指由分水线所包围的河流集水区，分地面集水区和地下集水区两类。如果地面集水区和地下集水区相重合，称为闭合流域；如果不重合，则称为非闭合流域。平时所称的流域，一般都指地面集水区。

1.流域概念

每条河流都有自己的流域，一个大流域可以按照水系等级分成数个小流域，小流域又可以分成更小的流域等。另外，也可以截取河道的一段，单独划分为一个流域。流域之间的分水地带称为分水岭，分水岭上最高点的连线为分水线，即集水区的边界线。处于分水岭最高处的大气降水，以分水线为界分别流向相邻的河系或水系。例如，中国秦岭以南的地面水流向长江水系，秦岭以北的地面水流向黄河水系。分水岭有的是山岭，有的是高原，也可能是平原或湖泊。山区或丘陵地区的分水岭明显，在地形图上容易勾绘出分水线。平原地区的分水岭不显著，仅利用地形图勾绘分水线有困难，有时需要进行实地调查确定。

在水文地理研究中，流域面积是一个极为重要的数据。自然条件相似的两个或多个地区，一般是流域面积越大的地区，河流的水量也越丰富。

2.流域特征

流域特征包括流域面积、河网密度、流域形状、流域高度、流域方向以及干流方向。

（1）流域面积：流域地面分水线和出口断面所包围的面积，在水文上又称集水面积，单位是km^2。这是河流的重要特征之一，其大小直接影响河流和水量大小及径流的形成过程。

（2）河网密度：流域中干支流总长度和流域面积之比，单位是km/km²。其大小说明水系发育的疏密程度。受到气候、植被、地貌特征、岩石土壤等因素的控制。

（3）流域形状：对河流水量变化有明显影响。

（4）流域高度：主要影响降水形式和流域内的气温，进而影响流域的水量变化。

（5）流域方向或干流方向对冰雪消融的时间有一定的影响。

流域根据其中的河流最终是否入海可分为内流区（内流流域）和外流区（外流流域）。

（五）河川径流

河川径流是汇集陆地表面和地下而进入河道的水流。包含大气降水和高山冰川积雪融水产生的动态地表水及绝大部分动态地下水，是构成水分循环的重要环节，是水量平衡的基本要素。通常称某一时段（年或日）内流经河道上指定断面的全部水量为径流量，以m³计。一条河流的径流量由水文站的实际观测资料计算求得。

河川径流，河床中流动的水流。主要来源于大气降水形成的地表径流，其丰枯变化往往与流经地区的气候变化有关。河川径流量大小与河流的环境容量密切相关。通常，河川径流量大，其环境容量也大；反之，则小。因此，有目的地调节河川径流量，可提高环境容量，合理解决水环境污染问题。河川径流是重要的地表水资源，是城市居民饮水与工农业用水的重要水源，应该人为地调节径流使之满足人类生产和生活的需要。

三、地表水资源的特点

1.流动性。地表水资源能够得到大气降水的补给，处在不断的开采、利用、补给、消耗、恢复的循环中，是在循环中形成并能得到再生的一种动态资源，具有流动性。

2.不稳定性。地表水资源的径流量大，水质和水量有明显的季节性，且由于受地面各种因素的影响，地表水资源易受污染，有机物和细菌含量高，水温变幅大，有时还有较高的色度。

3.有限性。在一定时间和空间范围内，大气降水对地表水资源的补给量是有限的，也决定了区域地表水资源的有限性。

4.多用途性。地表水资源是具有多种用途的自然资源，水量、水能、水体均各有用途，广泛应用于农业（包括林、牧、副业）生产用水、工业生产用水、城镇居民生活用水、水力发电用水、船筏水运用水、水产养殖用水、水利环境保护用水等。

5.空间分布不均匀性。地表水资源空间分布的主要特征是降水和河川径流的地区分布不均匀。时间分布的主要特征是地表水资源的年际、年内变化幅度大。一个地区地表水资源的丰富程度主要取决于降水量的多寡。我国东南部属丰水带和多水带，西北部属少水带和缺水带，中间部及东北部属过渡带。河流的主要径流量分布在东南和中南地区，与降水量的分布具有高度一致性。

第三节 地下水的运动及其动态平衡

一、基本概念

（一）地下水概述

广义上的地下水指埋藏在地表以下各种状态的水。按埋藏条件，地下水可划分为包气带水（土壤水）、上层滞水、潜水和承压水四种基本类型。

在地下水面以上，土壤含水量未达饱和，是土壤颗粒、水分和空气同时存在的三相系统，称为包气带。在地下水面以下，土壤处于饱和含水状态，是土粒和水分组成的二相系统，称为饱和带或饱水带。

饱水带岩层按其透过和给出水的能力，可分为含水层和隔水层。含水层是指能够透过并给出相当数量水的岩层。隔水层则是不能或基本不能透过、给出水的岩层。划分含水层与隔水层的关键在于岩层所含水的性质，空隙细小的岩层（如致密黏土、裂隙闭合的页岩）含的几乎全是不能移动的结合水，实际上起着阻隔水透过的作用，所以是隔水层；而空隙较大的岩层（如砂砾石，发育溶穴的可溶岩）主要含有重力水，在重力作用下，能透过和给出水，就构成了含水层。

土壤水是指吸附于土壤颗粒和存在于土壤孔隙中的水。上层滞水是指包气带中局部隔水层或弱透水层上积聚的具有自由水面的重力水。潜水是指饱水带中第一个具有自由表面的含水层中的水。承压水是指充满两个隔水层之间的含水层中的水。

组成地壳的岩石，无论是松散的沉积物还是坚硬的基岩，都存在数量及大小不等、形状各异的空隙。岩石的空隙为地下水的赋存提供了必要的空间条件，空隙的多少、大小、形状、连通情况与分布规律，对地下水的分布、运动及赋存规律有重要影响。

按照空隙特征可将其分为松散岩石中的孔隙、坚硬岩石中的裂隙和可溶岩中的溶隙三大类。松散岩石由大小不等、形状各异的颗粒组成，颗粒或颗粒集合体之间的空隙称为孔隙。固结的坚硬岩石，包括沉积岩、岩浆岩和变质岩，受地壳运动及其他内外地质应力作用，破裂变形产生的空隙称为裂隙。可溶岩石中的各种裂隙被水流溶蚀扩大成为各种形态的溶隙，甚至形成巨大溶洞，这是岩溶地下水的赋存空间。

（二）地下水资源概述

地下水资源主要是由于大气降水的直接入渗和地表水渗透到地下形成的。因此，一个地区的地下水资源丰富与否，首先和地下水所能获得的补给量与可开采的储存量的多少有关。在雨量充沛的地方，在适宜的地质条件下，地下水能获得大量的补给，则地下水资源丰富。在干旱地区，雨量稀少，地下水资源相对贫乏些。中国西北干旱区的地下水有许多是高山融雪水在山前地带入渗形成的。

地下水资源由大气降水和地表水转化而来，在地下运移，往往再排出地表成为地表水体的源泉。有时在一个地区发生多次的地表水和地下水的相互转化，故进行区域水资源评价时，应防止重复计算。

二、地下水的分类

地下水存在于各种自然条件下，其聚集、运动的过程各不相同，因而在埋藏条件、分布规律、水动力特征、物理性质、化学成分、动态变化等方面具有不同特点。对地下水进行合理分类是实现地下水资源合理开发的重要内容。

按埋藏条件可把地下水分为三大类——上层滞水、潜水、承压水，这是目前采用较多的一种分类方法。根据含水层的空隙性质可把地下水分为另外三大类——孔隙水、裂隙水、岩溶水。按空隙性质划分的三种类型的地下水，如果按埋藏条件均可分为上层滞水、潜水和承压水。因此，把上述两种分类组合起来即可得到九种复合类型的地下水，每种类型都有独自的特征。

1.上层滞水

因完全靠大气降水或地表水体直接渗入补给，水量受季节控制特别显著，一些范围较小的上层滞水在旱季往往干枯无水。隔水层分布较广时，上层滞水可作为小型生活用水水源。这种水的矿化度一般较低，但因接近地表，水质容易被污染，作为饮用水水源时必须加以注意。

2.潜水

潜水的埋藏条件决定潜水具有以下特征：

其一，由于潜水面之上一般无稳定的隔水层，因此具有自由表面。有时潜水面上有局部隔水层且潜水充满两隔水层之间，在此范围内的潜水将承受静水压力而呈现局部的承压现象。

其二，潜水在重力作用下由潜水位较高处向潜水位较低处流动，其流动快慢取决于含水层的渗透性能和水力坡度。潜水向排泄处流动时水位逐渐下降，形成曲线形表面。

其三，潜水通过包气带与地表连通，大气降水、凝结水、地表水通过包气带的空隙通道直接渗入补给潜水。所以在一般情况下潜水的分布区与补给区是一致的。

其四，潜水的水位、流量和化学成分均随地区和时间的不同而变化。

潜水在自然界分布范围大、补给来源广，所以水量一般较丰富，特别是潜水与地表常年性河流连通时水量更为丰富。潜水埋藏深度一般不大，便于开采，但由于含水层之上无连续的隔水层分布而使水体易受污染和蒸发，作为供水水源时应注意全面考虑。

3.承压水

承压水的主要特点是有稳定的隔水顶板存在、没有自由水面，水体承受静水压力，与有压管道中的水流相似。

承压水由于有稳定的隔水顶板和底板，因而与外界的联系较差，与地表的直接联系大部分被隔绝，所以其埋藏区与补给区不一致。承压含水层出露地表部分可以接受大气降水和地表水补给，上部潜水也可越流补给承压含水层。承压含水层的埋藏深度一般都比潜水大，在水位、水量、水温、水质等方面受水文气象因素和人为因素及季节变化的影响较小，因此，富水性好的承压含水层是理想的供水水源。虽然承压含水层的埋藏深度较大，但其稳定水位常常接近或高于地表，这就为开采利用创造了有利条件。

三、地下水运动的特点

地下水储存并运动于岩石颗粒间像串珠管状的孔隙和岩石内纵横交错的裂隙之中，这些空隙和裂隙的形状、大小和连通程度等的变化，导致了地下水运动的复杂性和特殊性。

1.地下水运动比较迟缓，一般流速较小。在实际计算中，常忽略地下水的流速水头，认为地下水的水头就等于测压管水头。

2.由于地下水是在曲折的通道中进行缓慢渗流，故地下水流大多数呈层流运动。只有当地下水流通过漂石、卵石的特大孔隙或岩石的大裂隙及可溶岩的大溶洞时，才会出现紊流状态。

3.地下水在自然界的绝大多数情况下呈非稳定流运动。但当地下水的运动要素在某一时间内变化不大，或地下水的补给、排泄条件随时间变化不大时，人们常常把地下水的运动看成近似稳定流，这给地下水运动规律的研究带来很大方便。

4.人们在研究地下水运动规律时，并不是去研究每个实际通道中复杂的水流运动特征，而是研究岩层内平均直线水流通道中的水流特征，假想水流充满含水层。

四、地下水动态与均衡

地下水动态是指在有关因素的影响下，地下水的水位、水量、水化学成分、水温等随时间的变化状况。它反映了地下水的形成过程，也是研究地下水水量平衡及其形成过程的手段。研究地下水的动态是为了掌握地下水的变化规律，预测地下水的变化方向。地下水的补给来源和排泄去路决定了地下水动态的基本特征，而地下水动态综合反映了地下水补给与排泄的消长关系。地下水动态受一系列自然因素和人为因素的影响，并有周期性和随机性的变化。

（一）影响地下水动态的因素

要想全面了解和研究地下水动态，首先应了解在时间和空间上改变地下水性质的各种因素，区别主要和次要影响因素，了解各个因素影响地下水动态的特点和程度。虽然影响地下水动态的因素很复杂，但是基本上可以区分为两大类：自然因素和人为因素。其中，自然因素又可分为气象气候因素、水文因素、地质地貌因素、生物与土壤因素等；人为因素包括抽取地表水体、地下水开采、人工回灌、植树造林、水土保持等。

（二）地下水均衡分析

1.地下水均衡的概念

地下水均衡指一定流域或区域在一定时段内的地下水输入水量、输出水量与蓄水变量之间的数量平衡关系。被选定的进行均衡计算的地区被称为"均衡区"。通常在进行地下水均衡分析时，会选择一个完整的地下水系统或具有明确边界的子系统作为均衡区。进行均衡计算的时段称为"均衡期"，它可以是一个月、一年甚至是数年。地下水系统储存量变化反映着收支平衡状况。当收入大于支出时，储存量增加，称为正均衡；反之，储存量减小，称为负均衡。

地下水均衡的目的，是希望通过均衡计算评价地下水系统补给量（收入项）与排泄量（支出项）之间的平衡状况，定量评价或估算地下水资源量，为合理开发地下水资源提供依据。需要注意的是，地下水系统始终与外界进行水量和水质的交换，其收支状况在不断变化，而水均衡状态取决于补给量（大气降水、地表水渗漏）的变化。因此，选择均衡期时要考虑降水的年内或年际变化，以年为均衡期，进行不同保证率年降水量或地表水年径流量条件下的均衡计算，评价补给量的保证程度，以便制定地下水利用的长期策略。

2.水均衡方程式

进行水均衡计算必须充分分析均衡的收入项和支出项，通过水文地质勘查、水文地质试验和收集气象、水文系列资料，确定水均衡方程式。水均衡计算是水资源评价的基础，是一个必不可少的环节，其精度取决于水均衡方程式中各均衡项的精度。

陆地上某一地区在天然状态下总的水均衡的收入项一般包括大气降水量（P）、地表水流入量（R_1）、地下水流入量（W_1）、水汽凝结量（E_1）；支出项一般包括地表水流出

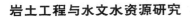

量（R_2）、地下水流出量（W_2）、蒸发量（E_2）；均衡期水的储存量变化为△R。由以上项目可以得到水均衡方程：

$$P + R_1 + W_1 + E_1 - R_2 - W_2 - E_2 = \triangle R$$

水储存量变化△R包括地表水变化量（V）、包气带水变化量（m）、潜水变化量（$\mu \triangle H$）及承压水变化量（$\mu_e \triangle H_e$）。其中，μ为潜水含水层的给水度或饱和差，$\triangle H$为均衡期潜水位变化值（上升用正号，下降用负号），μ_e为承压水含水层的弹性给水度，$\triangle H_e$为承压水测压水位变化值。据此，水均衡方程式还可写成：

$$P - (R_2 - R_1) - (W_2 - W_1) - (E_2 - E_1) = V + m + \mu \triangle H + \mu_e \triangle H_e$$

为计算方便，上式中的各项均以均衡期内发生水量平铺于平衡区面积上所得水柱的高度表示，单位为毫米（mm）。

第六章　水文水资源的用水方向与节水措施

水是生命之源、生产之要、生态之基。水文事业是国民经济和社会发展的基础性公益事业，水文工作在政府决策、经济社会发展、社会公众服务、水资源管理中的技术支撑作用越发显著，水资源管理工作也越来越重要。[①]

第一节　生活用水及其节水措施

一、生活用水的含义

生活用水是人类日常生活及其相关活动用水的总称。生活用水分为城市生活用水和农村生活用水。

（一）城市生活用水

1.城市生活用水是指城市用水中除工业（包括生产区生活用水）外的所有用水，简称生活用水，有时也称为大生活用水、综合生活用水、总生活用水。它包括城市居民住宅用水、公共建筑用水、市政用水、环境景观和娱乐用水、供热用水及消防用水等。

2.城市居民住宅用水是指城市居民（通常指城市常住人口）在家中的日常生活用水，有时也称为居民生活用水、居住生活用水等。它包括冲洗卫生洁具（冲厕）、洗浴、洗涤、饮用、烹调、饮食、清扫、庭院绿化、洗车以及漏失水等。

3.公共建筑用水是指包括机关、办公楼、商业服务业、医疗卫生部门、文化娱乐场所、体育运动场馆、宾馆饭店、学校等设施用水，还包括绿化和道路浇洒用水。

4.市政、环境景观和娱乐用水是指包括浇洒街道及其他公共活动场所的用水，绿化用水，补充河道、人工河湖、池塘及用以保持景观和水体自净能力的用水，人工瀑布、喷泉用水，划船、滑水、涉水、游泳等娱乐用水，融雪，冲洗下水道，等等。

5.消防用水是指扑灭城市或建筑物火灾需要的水量。其用水量与灭火次数、火灾延续时间、火灾范围等因素有关，必须保证足够的水量。根据火灾发生的位置高低，还必须保证足够的水压。

---

① 王式成，汪跃军，汪守钰.水文水资源科技与进展 [M].南京：东南大学出版社，2013.

（二）农村生活用水

农村生活用水可分为日常生活用水和家畜用水。前者与城镇居民日常生活的室内用水情况基本相同，只是由于城乡生活条件、用水习惯等有差异，仅表现在用水量方面差别较大。虽然随着社会发展，农村生活水平的提高，商店、文体活动场所等集中用水设施也在逐渐增多，但用水量还相对较小。

二、生活用水的特征

1.用水量增长较快。新中国成立初期城市居民较少，生活水平低，用水量较少。随着时间的推移，年总用水量和人均用水量逐步增加，全国每年以平均3%～6%的速度增长。

2.用水量时程变化较大。城市生活用水量受城市居民生活、工作条件及季节、温度变化的影响，其时程变化呈现早、中、晚三个时段用水量比其他时段高的时变化；一周中周末用水量比正常周一到周五多的日变化；夏季最多，春秋次之，冬季最少的年变化。

3.供水保证率要求高。供水年（历时）保证率是供水得到保证的年份（历时）占总供水年份（历时）的百分比。生活用水量能否得到保障，关系到人们的正常生活和社会的安定。根据城市规模及取水的重要性，一般取枯水流量保证率90%～97%为供水保证率。

4.对水质要求高。一是饮用水水质标准不断提高。我国卫健委于1959年制定生活饮用水水质指标16项，1976年增加到23项，1985年改为35项，2006年颁布（2007年7月1日实施）的新标准增加为106项。二是供水水质的要求越来越高。随着科技的进步，检测技术的提高，人们对水中的有害物质有了进一步的了解，同时随着物质生活水平的提高，人们要求饮水水质既无害，又有益，如人们偏好饮用矿泉水。

5.水量浪费严重。在城市生活用水中，管网陈旧、用水器具及设备质量差、结构不合理、用水管理松弛，造成了用水过程中的"跑、冒，滴、漏"。目前大多数城市供水管网损失率在5%～10%，有的城市高于10%，仅管网漏失一项，全国城市自来水供水每年损失约15亿m³。其次，空调、洗车等杂用水大量使用新水，重复利用率低也造成了用水浪费。比如，对219个公共建筑抽样调查表明，空调用水占总用水量的14.3%，循环利用率仅为53%。另外，用水单位和个人节水观念淡薄，不好的用水习惯也是用水浪费的原因之一，尤其是公共用水，如学校、宾馆、机关，存在水龙头滴漏、"长流水"现象。

6.生活污水水质污染程度小于工业废水，但污水排放量却逐年增长。我国城市排水管道普及率只有50%～60%，致使城市河道和近郊区水体污染严重，甚至危及城市生活水源和居民健康。北方许多以开采地下水为主的城市，地下水源也受到不同程度的污染。生活污水排放量占污废水排放总量的30%，2000年底全国城市的污水处理率仅为34.3%，而生活污水处理率还不到10%，污水再生利用基本上是空白。

三、生活节水途径

生活节水的主要途径有：实行计划用水和定额管理；进行节水宣传教育，提高节水意识；推广应用节水器具与设备；以及开展城市再生水利用技术等。

（一）实行计划用水和定额管理

我国《城市供水价格管理办法》明确规定："制定城市供水价格应遵循补偿成本、合理收益、节约用水、公平负担的原则。"通过水平衡测试，分类分地区制定科学合理的用水定额，逐步扩大计划用水和定额管理制度的实施范围，对城市居民用水推行计划用水和定额管理制度。

科学合理的水价改革是节水的核心内容。要改变缺水又不惜水、用水浪费无节度的状况，必须用经济手段管水、治水、用水。针对不同类型的用水，实行不同的水价，以价格杠杆促进节约用水和水资源的优化配置，适时、适地、适度调整水价，强化计划用水和定额的管理力度。

所谓分类水价，是根据使用性质将水分为生活用水、工业用水、行政事业用水、经营服务用水、特殊用水五类。各类水价之间的比价关系由所在城市人民政府价格主管部门会同同级城市供水行政主管部门结合当地实际情况确定。

居民住宅用水取消"包费制"，是建立合理的水费体制、实行计量收费的基础。凡是取消"用水包费制"进行计量收费的地方都取得了明显效果。合理地调整水价不仅可强化居民的生活节水意识，而且有助于抑制不必要和不合理的用水，从而有效地控制用水总量的增长。全面实行分户装表，计量收费，逐步采用阶梯式计量水价。2011年中央一号文件提出"积极推进水价改革。充分发挥水价的调节作用，兼顾效率和公平，大力促进节约用水和产业结构的调整""合理调整城市居民生活用水价格，稳定推行阶梯式水价制度"。

若阶梯式水价分为三级，则阶梯式计量水价的计算公式为：

$$P=V_1P_1+V_2P_2+V_3P_3$$

公式中：P为阶梯式计量水价，V_1为第一级水量基数，P_1为第一级水价，V_2为第二级水量基数，P_2为第二级水价，V_3为第三级水量基数，P_3为第三级水价。居民生活用水第一级水量基数等于每户平均人口乘以每人每月计划平均消费量。第一级水量基数是根据确保居民基本生活用水的原则制定的，第二级水量基数是根据改善和提高居民生活质量的原则制定的，第三级水量基数是按市场价格满足特殊需要的原则制定的。具体各级水量基数由所在城市人民政府价格主管部门结合本地实际情况确定。全国大中城市中，有部分城市已推行了阶梯式水价制度或进行了阶梯式水价制度的试点。其中，大部分城市实行的阶梯式水价分为三级，少数城市实行两级或四级阶梯水价。但由于阶梯式水价制度实施的时间较短，且没有现成的经验可借鉴，因此，运行中也暴露了一些问题。鉴于此，需要科学制定水价级数和级差，合理确定第一级水数量基数和水价，针对水价构成各部分的特点提出阶梯式价格政策，逐步推行城市居民生活用水阶梯式水价制度。

（二）从法律层面采取措施

水资源可持续发展过程中的法律保障包括：水的立法、水行政执法和水行政司法。

水法规中与公众生活节水密切相关的内容有：加强节水法制建设，健全节水法规体系；进一步完善节约用水管理的配套法规，如定额用水、节水设施建设、节水技术和节水器具推广应用、节水产品质量检测等一系列法规；制定和完善有关计划用水的管理规定，制定水价政策、计量收费办法、用水浪费处罚等法律法规等。目前有些法律法规不够具体、缺乏可操作性，需要进行补充和修订。

对于各级水主管部门，应建立机制健全的水行政执法和水行政司法组织结构，提高依法治水和依法管水的能力。同时，应加大执法力度，建立执法责任制，明确执法责任、执法程序，真正做到"有法可依，有法必依，执法必严，违法必究"。

依法治水是社会进步的必然趋势，但现行法规的系统性、科学性、合理性和可操作性还有待执法实践的检验。

（三）进行节水宣传教育，提高节水意识

在给定的建筑给排水设备条件下，人们在生活中的用水时间、用水次数、用水强度、用水方式等直接取决于其用水行为和习惯。通常用水行为和习惯是比较稳定的，这就说明为什么在日常生活中一些人或家庭用水较少，而另一些人或家庭用水较多。但是人们的生活行为和习惯往往受某种潜意识的影响。如欲改变某些不良行为或习惯，就必须从加强正确观念入手，克服潜意识的影响，让改变不良行为或习惯成为一种自觉行动。显然，正确观念的形成要依靠宣传和教育，由此可见宣传教育在节约用水中的特殊作用。应该指出宣传和教育均属对人们思想认识的正确引导，教育主要依靠潜移默化的影响，宣传则是对教育的强化。

据水资源评价的资料显示，全国淡水资源量的80%集中分布在长江流域及其以南地区。这些地区由于水源充足，公民节水意识淡薄，水资源浪费严重，需要通过宣传教育，增强人们的节水观念，提高人们的节水意识，改变其不良的用水习惯。宣传方式可采用报刊广播、电视等新闻媒体及节水宣传资料、张贴节水宣传画、举办节水知识竞赛等，另外，还可在全国范围内树立节水先进典型，评选节水先进城市和节水先进单位，等等。

因此，通过宣传教育去节约用水，是一种长期行为，不能指望获得"立竿见影"的效

果，除非同某些行政手段相结合，并且坚持不懈。如日本的水资源较贫乏，故十分重视节约用水的宣传教育。日本把每年的六一定为全国"节水日"，而且注意从儿童开始。联合国在1993年做出决定，将每年的3月22日定为"世界水日"。中国水利部将3月22日至28日定为"中国水周"。

（四）推广应用节水器具与设备

推广应用节水器具和设备是城市生活用水的主要节水途径之一。实际上，大部分节水器具和设备是针对生活用水的使用情况和特点而开发生产的。节水器具和设备，对有意节水的用户而言有助于提高节水效果；对不注意节水的用户而言，至少可以限制水资源的浪费。

1.推广节水型水龙头

为了减少水的不必要浪费，选择节水型的产品也很重要。所谓节水龙头产品，应该是有使用针对性的，能够保障最基本流量（例如，洗手盆用0.05 L/s，洗涤盆用0.1 L/s，淋浴用0.15 L/s）、自动减少无用水的消耗（例如，加装充气口防飞溅；洗手用喷雾方式，提高水的利用率；经常发生停水的地方选用停水自闭龙头；公用洗手盆安装延时、定量自闭龙头）、耐用且不易损坏（有的产品已能做到60万次开关无故障）的产品。当管网的给水压力静压超过0.4 MPa或动压超过0.3 MPa时，应该考虑在水龙头前面的干管线上采取减压措施，加装减压阀或孔板等，在水龙头前安装自动限流器也比较理想。

当前，除了注意选用节水龙头外，还应大力提倡选用绿色环保材料制造的水龙头。绿色环保水龙头除了在一些密封的零件材料表面涂装选用无害的材料（曾经使用的石棉、有害的橡胶、含铅的油漆、镀层等都应该淘汰）外，还要注意控制水龙头阀体材料中的含铅量。制造水龙头阀体，应该选择低铅黄铜、不锈钢等材料，也可以采用在水的流经部位洗铅的方法，达到除铅的目的。

为了防止铁管或镀锌管中的铅对水的二次污染以及接头容易腐蚀的问题，现在不断推广使用新型管材，一类是塑料的，另一类是薄壁不锈钢的。这些管材的钢性远不如钢铁管（镀锌管），因此给非自身固定式水龙头的安装带来了一些不便。在选用水龙头时，除了注意尺寸及安装方向可用以外，还应该在固定水龙头的方法上给予足够重视，否则会因为经常搬动水龙头手柄，造成水龙头和接口的松动。

2.推广节水型便器系统

卫生间的水主要用于冲洗便器。除利用中水外，采用节水器具仍是当前节水的主要努力方向。节水器具的节水目标是保证冲洗质量，减少用水量。现研究产品有低位冲洗水箱、高位冲洗水箱、延时自闭冲洗阀、自动冲洗装置等。

常见的低位冲洗水箱多用直落上导向球型排水阀。这种排水阀仍有封闭不严漏水、易损坏和开启不便等缺点，导致水的浪费。近些年来逐渐改用翻板式排水阀。这种翻板阀开启方便、复位准确、斜面密封性好。此外，以水压杠杆原理自动进水装置代替普通浮球阀，克服了浮球阀关闭不严导致长期溢水之弊。

高位冲洗水箱提拉虹吸式冲洗水箱的出现，解决了旧式提拉活塞式水箱漏水问题。一般做法是改一次性定量冲洗为"两挡"冲洗或"无级"非定量冲洗，其节水率在50%以上。为了避免普通闸阀使用不便、易损坏、水量浪费大以及逆行污染等问题，延时自闭冲洗阀应具备延时、自闭、冲洗水量在一定范围内可调、防污染（加空气隔断）等功能，并应便于安装使用、经久耐用和价格合理等。

自动冲洗装置多用于公共卫生间，可以克服手拉冲洗阀、冲洗水箱、延时自闭冲洗水箱等只能依靠人工操作而引起的弊端。例如，频繁使用或胡乱操作造成装置损坏与水的大量浪费，或疏于操作而造成的卫生问题、医院的交叉感染等。

3. 推广节水型淋浴设施

淋浴时因调节水温和不需水擦拭身体的时间较长，若不及时调节水量会浪费很多水，这种情况在公共浴室尤甚，不关闭阀门或因设备损坏造成"长流水"现象也屡见不鲜。集中浴室应普及使用冷热水混合淋浴装置，推广使用卡式智能、非接触自动控制、延时自闭、脚踏式等淋浴装置；宾馆、饭店、医院等用水量较大的公共建筑应推广采用淋浴器的限流装置。

4. 研究生产新型节水器具

研究开发高智能化的用水器具、具有最佳用水量的用水器具和按家庭使用功能分类的水龙头。

（五）从教育层面采取对策

教育对策主要是让人们认识到水资源危机的严重程度和根源，讲解如何改变行为才能减轻水资源危机，强化公众珍惜、保护水资源的意识，提高公众节水的自觉性。教育对策可以采用宣传、提示和承诺等具体措施。宣传可以利用广播、传单等形式进行，提示是通过随处可见的小标语提醒公众采取节水措施，承诺是让公众做出节约用水的口头或书面保证。

英国著名社会史学家汤普森在《英国工人阶级的形成》和《共有的习惯》中讨论了不同阶层的对立。而斯托腾亚在此基础上进一步研究了不同社会阶层对节约用水宣传教育的反应。实验对象分为两组：一组被试者来自中下阶层，另一组被试者来自中上阶层。实验对比了三种教育方法：第一种通过宣传教育告诉被试者保护水资源可以带来的长期经济利益；第二种通过宣传教育告诉被试者保护水资源可以带来的短期经济利益；第三种只是鼓励被试者采取保护水资源的行动，并指导被试者如何节约用水。实验结果表明：对于中下阶层的人，第一种方法的效果更好；对于中上阶层的人，三种方法的作用都不大。

节能实验也表明，宣传教育对节约能源的作用微乎其微，也印证了上面的试验结果。虽然宣传教育的节水效果不太显著，但是，我们有理由相信，宣传教育能促使公众水环境保护意识的提高和用水态度的彻底改变，这些改变终将体现在行为上。今后的宣传教育应着重推广和介绍节水器具，并告知采用节水器具带来的经济收益。

"提示和承诺"在生活节水中的作用还缺乏实验数据，但是，这些措施在能源节约效果中的研究比较多。很多实验表明，简明的提示、用户的高承诺和有效的强化措施可以在一定时期内明显地减少能源的使用量。可以推测，简明的提示、用户的高承诺和有效的强化措施也可以促进节约用水。需要注意的是，提示的效果取决于提示的具体表达方式和被提示者自我意识的一致性程度，因此，不同场合需要使用不同的表达方式。

（六）发展城市再生水利用技术

再生水是指污水经适当的再生处理后供作回用的水。再生处理一般指二级处理和深度处理。再生水用于建筑物内杂用时，也称为中水。建筑物内洗脸、洗澡、洗衣服等洗涤水、冲洗水等集中后，经过预处理（去污物、油等）、生物处理、过滤处理、消毒灭菌处理甚至活性炭处理，而后流入再生水的蓄水池，作为冲洗厕所、绿化等用水。这种生活污水经处理后，回用于建筑物内部冲洗厕所其他杂用水的方式，称为中水回用。

建筑中水利用是目前实现生活用水重复利用最主要的生活节水措施，该措施包含水处理过程，不仅可以减少生活废水的排放，还能够在一定程度上减少生活废水中污染物的排放。在缺水城市住宅小区设立雨水收集、处理后重复利用的中水系统，利用屋面、路面汇集雨水至蓄水池，经净化消毒后用水泵提升用于绿化浇灌、水景水系补水、洗车等，剩余的水可再收集于池中进行再循环。在符合条件的小区实行中水回用可实现污水资源化，达到保护环境、防治水污染、缓解水资源不足的目的。

第二节　农业用水及其节水措施

一、农业水资源概述

农业水资源是可为农业生产使用的水资源，包括地表水、地下水和土壤水。其中，土壤水是可被旱地作物直接吸收利用的唯一水资源形式，地表水、地下水只有被转化为土壤水后才能被作物利用。经必要净化处理的废污水也是一种重要的农业用水水源。大气降水被植物截留的部分也可视作农业水资源，但因其量较小（仅占全年降雨量的2.5%左右）通常被忽略。

自然界的水资源可用于农业生产中的农、林、牧、副、渔各业及农村生活的部分。它主要包括降水的有效利用量、通过水利工程设施而得以为农业所利用的地表水量和地下水量。生活污水和工业废水，经过处理，也可作为农业水资源加以利用。

农业水资源只限于液态水。汽态水和固态水只有转化成液态水时，才能形成农业水资源。叶面截留的雨露水和土壤内夜间凝结的水分都可为作物所利用，但其量甚微，在农业水资源分析中一般可不予考虑。

江河湖泊的地表径流，可为国民经济各种用水部门提供水源，但不是全部水量都可构成可利用的水资源，如为了维护河道的生态平衡，必须有一部分河道径流输入海洋；水源开发工程虽可进行年内及年际调蓄，但在丰水周期内亦常产生无法调蓄的弃水。因此，可利用的水资源只为其总水量的一部分，而农业可用水资源又只为可利用水资源中的一部分。

二、农业用水的特点

与工业用水相比，农业用水有以下特点：

1.用水点分散、单位水量负荷小、分布范围广、保证率低。

2.用水总量大、用水效率低。

3.灌溉节水同所在地区的自然地理条件，特别是降水径流条件紧密相关。

4.降水、地表水、地下水和土壤水之间的互相转化是影响农业用水（节水）的重要机制；农作物的生长规律、农业种植结构也是影响农业用水（节水）的重要因素。

5.管理较薄弱，资金投入受限。[①]

三、我国农业水资源利用存在的主要问题

1.用水效率低，浪费严重

从总体上看，我国农业水资源利用效率不高。自流灌区的灌溉水利用系数一般不到0.4，井灌区也只有0.6左右，比发达国家低0.2~0.4。也就是说在我国约有一半被白白浪费农业用水了。在灌溉水利用率方面，我国与发达国家差距更大。目前，发达国家平均水分生产率（每立方米水生产粮食）已达2.32 kg/m³，而我国不足1 kg/m³。

2.灌溉工程老化和不配套

据统计，全国现有220个大型灌区老化失修，111座大型水库存在不同程度的病险。而灌溉渠系的老化、年久失修和不配套现象更为严重。这些问题严重威胁了我国的农业用水安全。

---

① 蒋林君.小城镇水资源利用与保护指南 [M].天津：天津大学出版社，2015.

3.农业用水的管理体制问题

由于没有合理的利益机制和责任机制，管理部门失去节水的积极性，如灌区的收入主要依靠水费，在固定的价格条件下，水费的多寡取决于供水量的多少。一些灌区为了获得较多的收益，甚至鼓励多用水。因此，必须改变这种"自然分配、按需供给"的农业水资源管理体制，将农业用水纳入统一的水资源管理和调配。另外，还应制定相关政策，通过合理的补偿机制，加强农业用水的优化和节水，实现水资源在区域农业、城市、工业间的合理分配。

四、农业的合理与节约用水

在我国的总用水量中，农业用水占了八成以上，因此，对农业用水进行合理安排，实行节约用水，具有重要的战略意义。尤其是在北方，全力推广节水农业，是解决日益尖锐的水资源供需矛盾的必由之路。农业的合理与节约用水措施很多，现归纳简介如下：

（一）调整农业结构和作物布局

在摸清本地区农业水资源区域分布特点和开发利用现状的基础上，结合其他农业资源情况，按因地制宜、适水种植的原则，制定合理的农业结构，调整作物布局，使水土资源优化利用，达到节水、增产、增收的目的。例如，华北地区冬小麦生育期正值春季干旱少雨，灌溉需水量大，应集中种植在水肥条件较好的地区，而夏玉米和棉花生育期同天然降水吻合较好，水源条件差的地方也可保产。因此，作物布局有所谓"麦随水走、棉移旱地"的原则。据此，山东省近十几年来对粮棉种植比例做了大的变动，干旱缺水的鲁西北地区棉花播种面积增加，已占总耕地的30%～40%，河北省也提出了"棉花东移"的战略，将棉花从太行山前平原移向黑龙港地区，以使后者成为华北平原的重要产棉区之一。在黑龙港地区内部，又根据水资源短缺、土壤盐渍化重、水土资源分布不平衡等特点，提出"三三制"（粮田、经济作物和旱作各占耕地三分之一）和"四四二"（粮田、经济作物和牧草分别占耕地40%、40%和20%）等农业结构模式。

（二）扩大可利用的水源

在统筹兼顾、全面规划的基础上，采取工程措施和管理措施，广开水源，并尽可能做到一水多用，充分利用，将原来不能利用的水转化为可利用的水，这是合理利用水资源的一个重要方面。

我国山区、丘陵地区创建和推广的大中小、蓄引提相结合的"长藤结瓜"系统，是解决山丘区灌溉水源供求矛盾的一种较合理的灌溉系统。它从河流或湖泊引水，通过输水配水渠道系统将灌区内部大量、分散的塘堰和小水库连通起来。在非灌溉季节，利用渠道将河（湖）水引入塘库蓄存，傍山渠道还可承接坡面径流入渠灌塘；用水紧张季节可从塘库放水补充河水之不足。小型库塘之间互相连通调度，可以做到以丰补歉、以闲济急。这样不仅比较充分地利用了山区、丘陵地区可能利用的水源，并且提高了渠道单位引水流量的灌溉能力（一般可比单纯引水系统提高50%～100%），提高了塘堰的复蓄次数及抗旱能力，从而可以扩大灌溉面积。

黄淮海平原地区推广的群井汇流、井渠双灌的办法，将地面水、地下水统一调度，做到以渠水补源，以井水保灌，不仅合理利用了水资源，提高了灌溉保证率，而且有效地控制了地下水位，起到了旱涝碱综合治理的作用。

黄河流域的引洪淤灌，只要掌握得当，不仅能增加土壤水分，而且能提高土壤肥力，也是因地制宜充分利用水资源的有效方法。

淡水资源十分缺乏的地方，在具备必要的技术和管理措施的前提下适当利用咸水灌溉，城市郊区利用净化处理后的污水、废水灌溉，只要使用得当都可收到良好的效果。

（三）推广先进的节水技术

农田综合节水技术包括生物节水、农艺节水、工程节水、化学节水、管理节水等方面的节水措施。据全国农业技术推广服务中心介绍，目前我国农田节水技术的主要类型有以下十种：①耕地整理节水技术；②减免耕保水技术；③节水灌溉技术；④生物、化学制剂保水技术；⑤地膜覆盖和秸秆覆盖保水技术；⑥节水种植技术；⑦水、肥一体化调控节水技术；⑧膜下滴灌节水模式；⑨集雨蓄水灌溉模式；⑩抗旱品种和旱作栽培技术。以下是几种常见的节水技术：

1.耕地整理节水技术

平整土地，畅通排灌，保墒，修建池、塘、坑、窖、库、堤等拦水、蓄水设施是保证节水灌溉实施的基本条件，已得到农民的普遍认可。在丘陵山区，把坡耕地修成梯田，在田坡边植树种草，形成植物篱，拦蓄地面径流，涵养水源已得到较为广泛的应用。在田间整理输水设施作业上，采用渠道防渗措施和引水沟由宽变窄，改大畦为小畦，等等，以便将过去的大水漫灌变为快浇，这些已成为整地中基本的农艺措施。

2.减免耕保水技术

在干旱地区和缺墒季节，采用"以松代耕""以旋代耕""高留茬免耕套播""贴茬免耕直播"等方式，可以增加水分入渗深度和蓄水保墒能力，减少水分流失（跑墒），节约用水。目前推广的"小麦免耕技术""水稻免耕抛秧""板茬油菜""免耕大豆"栽培等，都是以节水保墒和减少水肥流失为主的保护性耕作技术。它与简化栽培和节本增效技术结合，近两年有加快发展的趋势。

3.节水灌溉技术

节水灌溉是科学灌溉，发展节水灌溉是推动传统农业向现代农业转变的战略性措施，是田间用水的一场革命。目前生产上应用的主要有沟灌、沟中覆膜灌、低压管灌、滴灌、渗灌、喷灌、微喷等。其中，沟中覆膜输水和管道输水等，可节水20%～30%，喷灌可节水50%，微灌可节水60%～70%，滴灌和渗灌可节水80%以上，并且有利于提高农产品产量、质量和经济效益，有利于节约土地、节省能源、节约肥料、节省劳力、节本增效，有利于发展农业机械化。在大田生产应用中，各地根据不同作物生长发育需要，配套不同灌溉时期、不同灌溉次数、不同灌水量的调控技术，如水稻的"浅、湿、晒"用水模式，其浅水层标准为15～30 mm，湿润标准为土壤水分保持在土壤饱和含水量或饱和含水量的80%～90%，分蘖后晒田。有的作物采取定时、定量或间歇性灌溉的措施等。精准度和标准化、自动化程度大大提高。

4.生物、化学制剂保水技术

20世纪90年代以来，我国已研制开发了多种生物和化学、有机与无机的抗旱保水剂、水分蒸腾抑制剂等，在旱作农业节水上推广应用。农用保水剂主要用于拌种、苗木移栽和扦插之前的浸根，以增强作物根部的吸水保水能力，提高出苗率、成活率。有的在整地时施入或与肥料一起底施；有的喷洒在土面或作物叶面；还有的是通过作物生理调控机制，增加作物抗旱机能，实现抗旱节水和保产增效的目的。

5.节水种植技术

节水种植技术在北方旱区应用较为普遍。如：玉米点水穴播（坐水点种），水稻旱育稀植，小麦的膜侧沟播等。其中，小麦的膜侧沟播模式，首先要起垄，垄面覆盖薄膜，为了保护墒，可在播前20天覆膜，在两垄之间的垄沟底部与伸向垄沟的膜边际播种两行小麦，这样膜面成为集雨场，雨水沿膜面流入小麦根部，可将无效雨变为有效雨，小雨变中雨，中雨变大雨。水分渗入受膜保护的垄内，不易蒸发，小麦根系由于受到膜内高温高湿的驱使，根系全部扎入垄内土壤中，一般可增产30%～50%，高的成倍增产。有的作物采用"当年秋覆膜，来年春播种""保住当年墒，留待来年用"，是北方旱区预防春旱的有效措施。

（四）节约用水的保障措施

1.加强农田水利设施建设

在一些山丘坡度较大的地区，农田水利设施落后，加之区域内土壤本身蓄水能力较弱，遭受强降雨时易发生水土流失，并且造成雨水大量浪费。应加大农田水利设施建设投资和保障，改造灌区，充分利用自然降水，增加可用水量，防止水土流失，从而减轻洪涝灾害产生的减产和经济损失。

2.提高农民的节水意识

目前，农业节水项目尤其是田间基础配套设施建设，注重规模农业和新型农业经营主体的实施，忽视小规模农户。农业用水的主体是农户，其自身行为和意识起着关键作用，如果他们没有深入认识到水资源科学合理使用的必要性，就很难将节水技术推广实施开来。多年以来，大多数农户尚未形成强烈的节约用水意识，尤其是水分充足的地区。因此，政府及农业技术推广部门应利用媒体、报纸、网络等开展节水宣传教育活动，引导农民提高节水意识。尤其在水资源丰富的地区，农民节水意识薄弱，必须通过广泛而深入的宣传，改变错误观念，在全社会树立节水观念。要通过宣传与培训，让农民掌握控制农业用水的技术和方法，做到科学用水、合理用水，把提高水资源利用率作为农业生产的重要目标之一。

3.加强组织领导

各级政府要重视农业节水工作，将其列入重要议程，提供政策和资金支持，引导社会重视农业节水工作。对节水工作的领导和分工进行细化，做到责任落实到人，任务落实到具体环节。在实施节水规划时要做好监督工作，特别是高污染、高耗水的行业，要定期监督、抽查和考核，保证把节水工作落到实处。

4.加大水土保持力度

做好水土保持工作有助于拦蓄降水、增加土壤存水能力，同时对旱灾、水灾起到一定的缓解作用。采取水土保持措施可以减少泥土被水流冲走的概率，使植被得到保护，有助于增强土壤水分的贮存能力，形成良性循环。因此，做好水土保持工作对保护水资源和提高水资源利用率具有重要意义。

第三节　工业用水及其节水措施

一、工业用水概述

工业用水指工业生产过程中使用的生产用水及厂区内职工生活用水的总称。生产用水的主要用途是：①原料用水，直接作为原料或作为原料一部分而使用的水；②产品处理用水；③锅炉用水；④冷却用水等。其中冷却用水在工业用水中一般占60%～70%。工业用水量虽较大，但实际消耗量并不多，一般耗水量为其总用水量的0.5%～10%，即有90%以上的水量使用后经适当处理仍可以重复利用。

目前我国工业万元产值用水量为78 m^3，美国是8 m^3，日本只有6 m^3；我国工业用水的重复利用率近年来虽然有所提高，但仍然低于发达国家平均值75%～85%。我国城市工

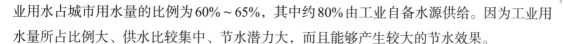

业用水占城市用水量的比例为60%～65%，其中约80%由工业自备水源供给。因为工业用水量所占比例大、供水比较集中、节水潜力大，而且能够产生较大的节水效果。

工业节水的基本途径，大致可分为以下三方面：

1.加强企业用水管理

通过开源与节流并举，加强企业用水管理。开源指通过利用海水、大气冷源、人工制冷、一水多用等，以减少水的损失或冷却水量，提高用水效率。节流是指通过强化企业用水管理，企业建立专门的用水管理机构和用水管理制度，实行节水责任制，考核落实到生产班组，并进行必要的奖惩，达到杜绝浪费、节约用水的目的。

2.通过工艺改革以节约用水

实行清洁生产战略，改变生产工艺或采用节水以及无水生产工艺，合理进行工业或生产布局，以减少工业生产对水的需求。通过生产工艺的改革实行节约用水，减少排放或污染才是根本措施。

3.提高工业用水的重复利用率

提高工业用水重复利用率的主要途径：改变生产用水的方式（如改用直流水为循环用水），提高水的循环利用率及回用率。提高水的重复利用率，通常可在生产工艺条件基本不变的情况下进行，是比较容易实现的，因而是工业节水的主要途径。

二、工业用水的特点

我国工业用水的特点主要表现为以下方面：

1.工业用水量大

目前，我国工业取水量占总取水量的1/4左右，其中高用水行业取水量占工业总取水量的60%左右。随着工业化、城镇化进程的加快，工业用水量还将继续增长，水资源供需矛盾将更加突出。

2.工业废水排放是导致水体污染的主要原因

工业废水经一定处理虽可去除大量污染，但仍会有不少有毒有害物质进入水体造成水体污染，既影响重复利用水平，又威胁一些城镇集中饮用水水源的水质。

3.工业用水效率总体水平较低

近年来，我国工业用水效率不断提升，但总体水平与发达国家相比仍有较大差距。2009年，我国万元工业增加值用水量为116m^3，远高于发达国家平均水平。

4.工业用水相对集中

我国工业用水主要集中在电力、纺织、石油化工、造纸、冶金等高耗水行业，工业节水潜力巨大。加强工业节水，对加快转变工业发展方式，建设资源节约型、环境友好型社会，增强可持续发展能力具有十分重要的意义。加强工业节水不仅可以缓解我国水资源的供需矛盾，而且还可以减少废水及其污染物的排放，改善水环境，因此，也是我国实现水污染减排的重要举措。

三、工业节水的潜力

工业节水是指通过加强管理，采取技术上可行、经济上合理的节水措施，减少工业取水量和用水量，降低工业排水量，提高用水效率和效益，合理利用水资源的工程和方法。

工业节水的水平可以用各种用水量的高低评价，也可以结合工业用水重复利用率的高低来考察。工业用水重复利用率是在一定的计量时间内、生产过程中使用的重复利用水量与总水量之比。它能够综合反映工业用水的重复利用程度，是评价工业企业用水水平的重要指标。

以北京市为例，其节水工作较有成就，工业用水的重复利用率逐年提高，万元产值取水量逐年降低。北京市很多行业的工业用水重复利用率已大于90%，接近发达国家水平，但也有很多行业的重复利用率尚须进一步提高。

我国很多城市的工业用水重复利用率较低，工业节水工作还有很多潜力可挖。提高工业用水重复利用率，降低万元产值取水量，可以从多方面采取措施，主要包括进行生产用水的节水技术改造、开发节水型生产工艺，以及将再生水广泛用于生产工艺等。

四、工业节水措施

工业用水需求呈增长趋势将进一步凸显水资源短缺的矛盾。目前，我国工业取水量约占总取水量的1/4，其中高用水行业取水量占工业总取水量的60%左右。随着工业化、城镇化进程的加快，工业用水量还将继续增长，水资源供需矛盾将更加突出。

为加强对水资源的管理，近年来，我国制定了《工业节水管理办法》，规范企业用水行为，将工业节水纳入了法制化管理。编制了《全国节水规划纲要》《中国节水技术政策大纲》《重点工业行业取水指导指标》《节水型企业评价导则》《用水单位水计量器具配备和管理通则》《企业水平衡测试通则》《企业用水统计通则》等文件；颁布了火力发电、钢铁、石油、印染、造纸、啤酒、酒精、合成氨、味精九个行业的取水定额；加大了以节水为重点的结构调整和技术改造力度。根据国内各地水资源状况，按照以水定供、以供定需的原则，调整了产业结构和工业布局。缺水地区严格限制新上高取水工业项目，禁止引进高取水、高污染的工业项目，鼓励发展用水效率高的高新技术产业；围绕工业节水发展重点，在注重加快节水技术和节水设备、器具及污水处理设备的研究开发的同时，将重点节水技术研究开发项目列入了国家和地方重点创新计划和科技攻关计划，一些节水技术和新设备得到了利用。

1.调整产业结构，改进生产工艺

加快淘汰落后高用水工艺、设备和产品。依据《重点工业行业取水指导指标》，对现有企业达不到取水指标要求的落后产品，要进一步加大淘汰力度。大力推广节水工艺技术和设备。围绕工业节水重点，组织研究开发节水工艺技术和设备，大力推广当前国家鼓励发展的节水设备（产品），重点推广工业用水重复利用、高效冷却、热力和工艺系统节水、洗涤节水等通用节水技术和生产工艺。重点在钢铁、纺织、造纸和食品发酵等高耗水行业推进节水技术。

钢铁行业：推广干法除尘、干熄焦、干式高炉炉顶余压发电（TRT）、清污分流、循环串级供水技术等。纺织行业：推广喷水织机废水处理再循环利用系统、棉纤维素新制浆工艺节水技术、缫丝工业污水净化回用装置、洗毛污水零排放多循环处理设备、印染废水深度处理回用技术、逆流漂洗、冷轧堆染色、湿短蒸工艺、高温高压气流染色、针织平幅水洗，以及数码喷墨印花、转移印花、涂料印染等少用水工艺技术、自动调浆技术和设备等在线监控技术与装备。造纸行业：推广连续蒸煮、多段逆流洗涤、封闭式洗筛系统、氧脱木素、无元素氯或全无氯漂白、中高浓技术和过程智能化控制技术、制浆造纸水循环使用工艺系统、中段废水物化生化多级深度处理技术，以及高效沉淀过滤设备、多元盘过滤机、超效浅层气浮净水器等。食品与发酵行业：推广湿法制备淀粉工业取水闭环流程工艺、高浓糖化醪发酵（酒精、啤酒等）和高浓度母液（味精等）提取工艺，浓缩工艺普及双效以上蒸发器，推广应用余热型溴化锂吸收式冷水机组，开发应用发酵废母液、废糟液回用技术，以及新型螺旋板式换热器和工业型逆流玻璃钢冷却塔等新型高效冷却设备等。切实加强重点行业取水定额管理。严格执行取水定额国家标准，对钢铁、染整、造纸、啤酒、酒精、合成氨、味精和医药等行业，加大已发布取水定额国家标准实施监察力度，对不符合标准要求的企业，限期整改。

2.提高工业用水重复利用率，加强非常规水资源利用

发展工业用水重复利用技术、提高工业用水重复利用率是当前工业节水的主要途径。发展重复用水系统，淘汰直流用水系统，发展水闭路循环工艺、冷凝水回收再利用技术、节水冷却技术。工业冷却水用量占工业用水量的80%以上，取水量占工业取水量的30%~40%，发展高效节水冷却技术、提高冷却水利用效率、减少冷却水用量是工业节水的重点之一。

节水冷却技术主要包括以下几种：

（1）改直接冷却为间接冷却。在冷却过程中，特别是化学工业，如采用直接冷却的方法，往往使冷却水中夹带较多的污染物质，使其丧失再利用的价值，如能改为间接冷却，就能克服这个缺点。

（2）发展高效换热技术和设备。换热器是冷却对象与冷却水之间进行热交换的关键设备。必须优化换热器组合，发展新型高效换热器，例如，盘管式敞开冷却器应采用密封

式水冷却器代替。

（3）发展循环冷却水处理技术。循环冷却系统在运行过程中，需要对冷却水进行处理，以达到防腐蚀、阻止结垢、防止微生物粘泥的目的。处理方法有化学法、物理法等，现在使用较多的是化学法。目前，正广泛使用的磷系缓蚀阻垢剂、聚丙烯酸等聚合物和共聚物阻垢剂曾经使冷却水处理技术取得了突破性的进展，一直是国内外研究开发的重点，并被认为是无毒的。但研究表明，它们会使水体富营养化，又是高度非生物降解的，因而均属于对环境不友好产品。近年来，受动物代谢过程启发合成的一种新的生物高分子——聚天冬氨酸，被誉为更新换代的绿色阻垢剂。

（4）发展空气冷却替代水冷的技术。空气冷却技术是采用空气作为冷却介质来替代水冷却，不存在环境污染和破坏生态平衡等问题。空气冷却技术有节水、运行管理方便等优点，适用于中、低温冷却对象。空气冷却替代水冷是节约冷却水的重要措施，间接空气冷却可以节水90%。

（5）发展汽化冷却技术。汽化冷却技术是利用水汽化吸热，带走被冷却对象热量的一种冷却方式。受水汽化条件的限制，在常规条件下，汽化冷却只适用于高温冷却对象，冷却对象要求工作温度最高为100 ℃，多用于平炉、高炉、转炉等高温设备。对于同一冷却系统，用汽化冷却所需的水量仅有温升为10 ℃时水冷却水量的2%，并减少了90%的补充水量。实践证明，在冶金工业中以汽化冷却技术代替水冷却技术后，可节约用水80%；同时，汽化冷却所产生的蒸汽还可以再利用，或者并网发电。

加强海水、矿井水、雨水、再生水、微咸水等非常规水资源的开发利用。在不影响产品质量的前提下，靠近海边的钢铁、化工、发电等工厂可用海水代替淡水冷却。海滨城市也可将海水用于清洁卫生。我国工业用水中冷却水及其他低质用水占70%以上，这部分水可以用海水、苦咸水和再生水等非传统水资源替代。积极推进矿区开展矿井水资源化利用，鼓励钢铁等企业充分利用城市再生水。支持有条件的工业园区、企业开展雨水集蓄利用。

鼓励在废水处理中应用臭氧、紫外线等无二次污染消毒技术。开发和推广超临界水处理、光化学处理、新型生物法、活性炭吸附法、膜法等技术在工业废水处理中的应用。这样，经处理后的污水就可以重复利用；不能利用的，外排也不会污染水源。

3.工业取水定额

工业企业产品取水定额是以生产工业产品的单位产量为核算单元的合理取水的标准取水量，是指在一定的生产技术和管理条件下，工业企业生产单位产品或创造单位产值所规定的合理用水的标准取水量。

加强定额管理，目的在于将政府对企业节水的监督管理工作重点从对企业生产过程的用水管理转移到取水这一源头的管理上来，即通过取水定额的宏观管理，来推动企业生产这一微观过程中的合理用水，最终实现全社会水资源的统一管理和可持续使用。

工业取水定额是依据相应标准规范制定过程而制定的，以促进工业节水和技术进步为原则，考虑定额指标的可操作性并使企业能够因地制宜，达到持续改进的节水效果。如按照国家标准，造纸产品中，1998年1月1日起建成（新建、改建、扩建）投产的企业或生产线，其取水定额执行A级定额指标，如每吨"印刷书写纸"为35m³，这样就限定了企业的取水指标，为新、改、扩建企业的合理用水确定了目标。

4.清洁生产

清洁生产又称废物最小化、无废工艺、污染预防等。在不同国家不同经济发展阶段有着不同的名称，但其内涵基本一致，即指在产品生产过程通过采用预防污染的策略来减少污染物的产生。1996年，联合国环境规划署这样定义：清洁生产是一种新的创新性的思想，该思想将整体预防的环境战略持续应用于生产过程、产品和服务中，以增加生态效益和减少人类及环境的风险。这体现了人们思想观念的转变，是环境保护战略由被动反应到主动行动的转变。

（1）清洁生产促进工业节水

清洁生产是一个完整的方法，需要生产工艺各个层面的协调合作，从而保证以经济可行和环境友好的方式进行生产。清洁生产虽然并不是单纯为节水而进行的工艺改革，但节水是这一改革中必须抓好的重要项目之一。为了提高环境效益，清洁生产可以通过产品设计、原材料选择、工艺改革、设备革新、生产过程产物内部循环利用等环境的科学化合理化，大幅度地降低单位产品取水量和提高工业用水重复率，并可减少用水设备，节省工程投资和运行费用与能源，以提高经济效益，而且其节水水平的提高与高新技术的发展是一致的，可见清洁生产与工业节水在水的利用角度上目的是一致的，可谓异曲同工。

（2）清洁生产促进排水量的减少

由于节水与减污之间具有密切联系，取水量的减少就意味着排污量的减少，这正是推行清洁生产的目的。清洁生产包含废物最小化的概念，废物最小化强调的是循环和再利用，实行非污染工艺和有效的节流处理，在节水的同时，达到节能和减少废物的产生，因此，节水与节能减排是工业共生关系，而且，清洁生产要求对生产过程采取整体预防性环境战略，强调革新生产工艺，这恰恰符合工艺节水的要求。

推行清洁生产是社会经济实行可持续发展的必由之路，其实现的工业节水效果与工业节水工作追求的目标是一致的。因此，推行工业节水工作的同时，应关注各行业的清洁生产进程，引导工业企业主动在推行清洁生产的革新中节水，从而使工业节水融入不同行业的清洁生产过程中。

5.加强企业用水管理，逐步实现节水的法制化

加强企业用水管理是节水的一个重要环节。只有加强企业用水管理，才能合理使用水资源，取得增产、节水的效果。工业企业要做到用水计划到位、节水目标到位、节水措施到位、管水制度到位。积极开展创建节水型企业活动，落实各项节水措施。

企业应健全用水管理制度，健全节水管理机构，进行节水宣传教育，实行分类计量用水并定期进行企业水平衡测试，按照《节水型企业评价导则》，对企业用水情况进行定期评价与改进。

用水管理包括行政管理措施和经济管理措施。采取的主要措施有：制定工业用水节水行政法规，健全节水管理机构，进行节水宣传教育，实行装表计量、计划供水，调整工业用水水价，控制地下水开采，对计划供水单位实行节奖超罚及贷款或补助节水工程等用水管理对节水的影响非常大，它能调动人们的节水积极性，通过主观努力，使节水设施充分发挥作用；同时可以约束人的行为，减少或避免人为的用水浪费。完善的用水管理制度是节水工作正常开展的保证。

第四节　生态用水及其保障措施

一、生态用水概述

（一）生态系统的定义

生态系统一词由英国生态学家坦斯莱（A.G.Tansley）于1935年首次提出，他认为，"在生物群落的基础上加上非生物成分（如阳光、土壤、各种有机或无机物质等），就构成了生态系统"。根据坦斯莱的观点，生态系统是在一定时间和空间内，由生物成分和非生物成分组成的生态学功能单位；各组成要素之间通过物质循环和能量流动相互作用、相互依存，并形成具有自身调节功能的复合体。

人类所居住的地球也是由无数个大大小小的生态系统所组成的复合系统，大至整个生物圈、整个海洋、整个陆地，小到一个池塘、一片草地都可以看作一个开放的生态系统。一个大尺度的复杂生态系统由若干个中等尺度的生态系统所构成，而中等尺度的生态系统又由若干个小尺度的生态系统所构成，各类系统层层嵌套、相互作用并组成一个整体，从而形成了人类现在生活的自然景观。生态系统概念的提出，为研究生物与其生存环境之间的关系提供了新视点，生态系统逐渐成为研究生物和环境相互关系的基础。

生态系统通常指的是自然生态系统，然而由于当今人类活动几乎遍及世界的每个角落，纯粹的自然生态系统已经很少了。生态学研究的大部分生态系统是半人工、半自然的生态系统（如农业生态系统），甚至完全是人工建造的生态系统（如城市生态系统）。但是，生态系统要维持稳定，一般都须遵守自然生态系统的基本规律，如能量流和物质流的维持、调控、平衡等。

（二）生态用水的定义

从广义上讲，生态用水是指"特定区域、特定时段、特定条件下生态系统总利用的水分"，它包括一部分水资源量和一部分常常不被水资源量计算包括在内的水分，如无效蒸发量、植物截留量。从狭义上讲，生态用水是指"特定区域、特定时段、特定条件下生态系统总利用的水资源总量"。根据狭义的定义，生态用水应该是水资源总量中的一部分，从便于水资源科学管理、合理配置与利用的角度，采用此定义比较有利。

生态用水量的大小直接与人类的水资源配置或生态建设目标条件有关。它不一定是合理的水量，尤其在水资源相对匮乏的地区更是如此。

与生态用水相对应的还有生态需水和生态耗水两个概念，为了便于区分也给出了它们的定义。

生态需水：从广义上讲，维持全球生物地球化学平衡（诸如水热平衡、水沙平衡、水盐平衡等）所消耗的水分都是生态需水。从狭义上讲，生态需水量是指以水循环为纽带、从维系生态系统自身的生存和环境功能角度，相对一定环境质量水平下客观需求的水资源量。例如，为了维系河流某类鱼的生存环境，需要有基本水文特征值做保证（如一定的河川基流、一定的水流速度、水深要求等）。生态需水与相应的生态保护、恢复目标以及生态系统自身需求直接相关，生态保护、恢复目标不同，生态需水就会不同。生态需水是相对合理的水量。

生态耗水：生态耗水是指多个水资源用户（生产、生活和生态）或者未来水资源配置（生产、生活和生态）后，生态系统实际消耗的水量。它需要通过该区域经济社会与生态耗水的平衡计算来确定。生产、生活耗水过大，必然挤占生态耗水。

生态用水与生态需水、生态耗水三个概念之间既有联系又有区别。通过生态需水的估算，能够提供维系一定的生态系统与环境功能所不应该被人挤占的水资源量，它是区域水资源可持续利用与生态建设的基础，也是估计在一定的目的、生态建设目标或配置条件下，生态用水大小的基础。通过对生态用水和生态耗水的估算，能够分析人对生态需水挤占的程度，决策生态建设对生态用水的合理配置。

（三）生态用水的分类

由水引起的生态环境问题多种多样，从不同角度或按不同原则对生态用水进行分类，可得到不同结果。这里按生态环境与人类关系的密切程度，将其分为以下几类：城市生态用水、地理环境生态用水、地质生态环境用水。

1.城市生态用水

城市是人口高度集中的地方，随着人民生活水平的提高，人们对城市、工厂、住宅周围的环境质量的要求也日益提高，美化、绿化、净化城市已成为市民的普遍要求。在城市环境中，城市绿地与城市水体，对城市环境的生态平衡起着重要作用，扩大游览水面，建设带状公园增加绿地面积，建设公园化城市、花园式工厂，已成为文明城市、文明工厂的重要标志之一。高质量的城市生态环境，对高密度人口、人的精神生活起着有益的调节作用。因此，生态用水应包括城市中水体与绿地用水两部分内容。

2.地理环境生态用水

地理环境可分为自然地理环境和人为地理环境。人为地理环境中，被人类利用、改造和加工过的自然地理环境，许多仍能发挥自然环境的功能。如植被稀少地区的人工草场、经济林、薪炭林已被开发利用的景观水体等。这些生态用水会与其他用水发生交叉而具有一定的弹性，但仍可归入生态用水。地理环境用水又可分为以下几个小类：

（1）改善江、河、湖泊水质的生态用水

水质污染是一个较为普遍的生态环境问题，大量水体被污染，在一定程度上造成了水资源短缺，对于一部分水污染，可从污染源头进行治理。考虑到不同治污途径的经济效益，通过对污染水体的稀释，提高水体的自净能力或是采取引清排污措施，达到治理水污染的目的，这些都是解决水质污染的重要途径。具体问题，要具体对待，不能一概而论。

（2）陆地植被用水

植被是地球陆地生态系统生态平衡的重要维护者。在干旱、半干旱地区，生态环境的质量在很大程度上受制于水资源的供给状况。长期以来，不合理的水资源分配，致使这些地区的生态环境退化，地表植被退化甚至死亡，土地沙漠化面积不断扩大，水土流失不断加剧，生物多样性锐减。植被是作为系统存在的，依赖植被环境生存的动物，也是植被生态系统的组成部分，它们的用水可列入陆地生态用水；对于以植被、动物为主要保护对象的各种自然保护区用水、维持水热平衡用水，也可归入陆地生态用水类。

（3）淡水生态系统用水

此类用水包括河流基流、湖泊、沼泽、湿地、池塘和水库等用水。目前，我国华北和西北地区的河流经常发生断流，一些湖泊萎缩、干涸和盐化，沼泽等湿地面积不断减少，造成了严重的生态环境问题，直接影响到水中生物的正常生长和繁殖，并阻碍了区域社会经济的可持续发展。因此，淡水生态系统用水也应是生态用水的有机组成部分，但并不是所有河流、湖泊、湿地、沼泽都应当包括进来，应有所取舍：一是看其与区域可持续发展的关系；二是看其对区域生态环境是否有重要作用。例如，一些河流在人类对其没有进行大规模开发之前，本来就是季节性河流，河流流程在历史上是不断变化的，一些盐湖目前是盐业资源开发利用的对象，这些河流、湖泊不应再得到生态用水。此外，我国滨海城市及地区、河流入海口附近，由于潮汐作用，存在着海潮倒灌问题，使城市生活用水、工业用水及农业灌溉用水受到一定影响。为了解决这一问题，通常可增加淡水流量，缩短或减轻海潮入侵距离，降低河口河水咸度，保证城市生活用水、工业用水及农业灌溉用水。

（4）水沙平衡用水

我国是一个水土流失严重的国家，大面积水土流失使许多水库、河床、渠道等产生

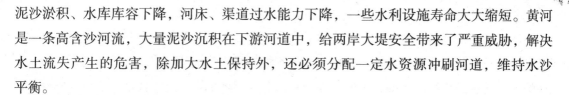

泥沙淤积、水库库容下降，河床、渠道过水能力下降，一些水利设施寿命大大缩短。黄河是一条高含沙河流，大量泥沙沉积在下游河道中，给两岸大堤安全带来了严重威胁，解决水土流失产生的危害，除加大水土保持外，还必须分配一定水资源冲刷河道，维持水沙平衡。

（5）水盐平衡用水

土地盐渍化是不合理利用土地的结果。在黄淮海平原、华北平原及西北内陆地区，土地盐渍化严重影响了当地的农业发展，一些农田被迫弃耕。黄淮海平原，水源相对丰富、气候潮湿、地下水位高，同时，土地垦殖率高，农业集约程度也高，是我国的粮食主产区。利用丰富的水资源进行合理排灌，是减轻和治理土地盐渍化的有效手段。这部分用水与农业用水有交叉，但也可列为生态用水。在华北和西北内陆地区，水资源相对贫乏，气候也相对干燥，地下水也不是很高，可通过种植绿肥和降低地下水等措施治理盐渍化而不必过多消耗有限的水资源。

3.地质生态环境用水

在我国一些水资源贫乏的地区，过度开采地下水，开采量超过了总补给量，带来了一系列生态环境问题，如地下水量无法恢复，出现大面积地下水位降落漏斗，以及地面下沉、海水入侵或上层污水渗入下层淡水，破坏了地下淡水资源。要解决这些生态环境问题，除控制地下水的过量超采，针对严重的地下水超采，也可利用水源丰富的时段进行回补的方式，减轻地面下沉，这部分用水应列入生态用水。

二、生态用水的主要组成部分

1.河流生态恢复用水量

河流生态恢复用水量主要考虑两方面：一是考虑河流水体维持原有自然景观，使河流不萎缩，并能基本维持生态平衡所需的最小水量；二是考虑现状条件各主要河段的污染情况，按照水污染防治规划和水环境功能区划的要求，所须增加的稀释水量。

2.城市生态环境用水

城市生态环境用水泛指维持城市生态水环境所必需的基本用水。城市生态环境用水包括水量、水体、水质、水能、水景等多种形式，包括绿化美化用水、旅游观光用水、河湖水系用水、地下补给用水、抽水蓄能用水等多个方面。城市生态环境用水应注意把握其空间、时间尺度，充分利用水的自然属性和经济属性，逐步提高城市生态水环境质量。

3.湿地恢复水量

湿地是自然界生物多样性最为丰富、独特的生态系统，具有调蓄洪水、调节气候、涵养水源、净化水质、维护生物多样性等多种重要的生态、经济、社会功能。保护湿地资源、维持湿地基本生态过程，是改善生态环境和保障社会可持续发展的需要，也是世界自然环境保护的重点之一。

4.地下水恢复水量

对地下水无节制地超采，会造成地下水位下降、地面沉陷等诸多问题，导致地下水生态环境日益恶化。因此，必须严格控制地下水的超采，特别是深层地下水的超采。在有条件的地区还要进行地下水的人工回补与禁采部分浅层地下水，逐步使地下水位恢复到合理的水平。

5.入海水量

保持一定的入海水量是维持河口和海湾生态平衡所必需的，河流所挟带的营养物质和泥沙是海洋生物生长发育所需的营养物，也是保持海岸线动态平衡的重要物质来源。此外，对于防止河口淤积和海水入侵，保持一定的入海水量也是十分必要的。因此，从生态用水、沙动力平衡角度出发，最小入海水量应考虑减少河口淤积、防止海水入侵及海洋生态需要。

6.水土保持生态用水

水土保持是维护河流水生态平衡的重要一环，实施水土保持，将使山区植被得到恢复，减少干旱、洪涝等自然灾害的危害，减轻土壤侵蚀，保护人类赖以生存的土地资源，有力地促进山区经济的建设。水土保持所需的生态用水（耗水），也属于生态环境用水的范围。

三、生态用水的意义

（一）存在的问题

（1）生态用水研究涉及多学科交叉的问题，未形成公认的生态用水基本理论。

（2）生态用水是一个变量，随时间和地点不同而不同。

（3）水分具有很重要的作用，植被生态系统的生态用水计算方法以及植被与水分的关系研究尚未形成一个系统的理论。

（4）生态用水问题具有空间和时间上的动态变化。

（5）生态用水与地表水的关系研究较多，但生态用水与地下水之间关系的研究较少，也只是对某一区域的某一点的微观研究，而不是对整个系统的研究。

（二）生态用水的意义

良好的生态系统是保障人类生存发展的必要条件，但生态系统自身的维系与发展离不开水。在生态系统中，所有物质的循环都是在水分的参与和推动下实现的。水循环深刻地影响着生态系统中一系列的物理、化学和生物过程。只有保证了生态系统对水的需求，生态系统才能维持动态平衡和健康发展，进一步为人类提供最大限度的社会、经济、环境效益。

然而，由于自然界中的水资源是有限的，某一方面用水多了，就会挤占其他方面的用水，特别是常常忽视生态用水的要求。在现实生活中，由于主观上对生态用水不够重视，在水资源分配上几乎将100%的可利用水资源用于工业、农业和生活，于是就出现了河流缩短断流、湖泊干涸、湿地萎缩、土壤盐碱化、草场退化、森林破坏、土地荒漠化等生态退化问题，严重制约着经济社会的发展，威胁着人类的生存环境。因此，要想从根本上保护或恢复、重建生态系统，确保生态用水是至关重要的技术手段。因为缺水是很多情况下生态系统遭受威胁的主要因素，合理配置水资源、确保生态用水对保护生态系统、促进经济社会可持续发展具有重要的意义。

（三）我国今后研究的重点

（1）加强基础理论研究，统一生态用水概念，建立公认的生态用水理论。

（2）在微观领域，对已有一定研究基础的试验区进行分区分类，做长期的定位观测。

（3）在宏观领域，研究各大流域生态用水的现状及可行的水资源配置方案，通过实际应用的效果，进一步分析生态用水研究中存在的不足。

（4）研究从微观到宏观的尺度转换，将小流域（小区域）研究成果应用到中流域研究中，提出转换并减小误差的计算方法，不断提高计算适用性和精度。

四、生态用水的保障措施

一般来说，保障生态用水可以从以下几方面考虑：①调整农业种植结构、工业结构和用水结构，特别是调整耗水型的粮食生产为节水高效益型三元种植结构和采用先进的农艺节水栽培管理技术等；②加快城市污水处理，这是一种治标的方法，既能减轻对河道的污染，又可污水资源化；③节约用水，通过节约用水满足社会、经济发展所需要增加的大部分水量，为增加和保障生态用水奠定基础；④增加水资源措施，这包括国家规划的调水项目，如南水北调项目、海水淡化利用等措施。

下面对几种经常采用的生态用水保障措施进行介绍：

（一）蓄水调节工程措施

抬高水位的工程调节措施是指通过对河湖水位的抬高，增大河湖水面和水深来满足生态用水的需要。对于各种水生生物来说，为维持其生长繁殖的正常环境必须保留一定的水深或水面空间，而当地表水资源被大量开发利用时，水面面积则得不到保证，并会出现河道断流、湖泊萎缩等现象，此时就须通过各种水利工程措施来调蓄地表水体，进而保证在有限的水资源条件下能维持较高的水位或较大的水面面积。通常，蓄水调节工程措施主要包括在河道或湖泊出口处建设橡胶坝、翻板坝、溢流堰、节制闸等，以蓄水来抬高水位。

（二）水利调度措施

生态用水不能满足的主要原因是水资源开发利用程度太高或来水不均匀，因此，采取的措施也应是增加来水量，以便解决枯水期水量不足问题。水利调度工程是一项十分复杂的流域或区域系统工程，通过水资源的合理配置，能确保缺水地区的生态用水要求。水资源的调入必须在大量的水利工程的基础上才能实现，如水库工程、泵站工程、河道工程等，这些工程建设能实现生态调水的目标。目前，我国已开展了大量保障生态用水的水利调度实践工作，并取得了显著成效，如塔里木河流域生态输水工程、黄河全流域调度工程等，著名的南水北调西线工程也兼有向黄河上中游地区以及西北地区生态调水的目标。

塔里木河是我国最长的内陆河，全长 1321 km，流域总面积 102 万 km²。自 20 世纪 50 年代以来，由于塔里木河中上游地区无序开荒和无节制用水，干流水量日趋减少，下游河道断流 320 km，尾闾台特玛湖萎缩甚至干涸，稀疏的荒漠植物大量枯死，气候变得越发干燥。自 2001 年起，我国开始对塔里木河流域进行综合治理，其中，向下游生态输水是主要治理措施之一。随着输水措施的实施，塔里木河下游沿河两侧地下水位明显回升，天然植被恢复面积达 179 km²，台特玛湖重现碧波荡漾的景色，大片胡杨林焕发了生机，越来越多的野生动物重返故园，下游生态环境质量得到明显改善。

黄河是我国的第二大河，是中华民族的母亲河，全长 5400 km，流域总面积 75.2 万 km²。黄河流域本身的生态系统十分脆弱，加之长期以来不合理的开发利用，导致黄河存在洪涝灾害严重、下游断流频繁发生、中游水土流失严重、水污染致使生态系统蜕变等一系列突出问题。在 1972 年—1997 年的 26 年中，黄河下游先后有 20 年发生断流，利津水文站累计断流 70 次，共 908 d。黄河断流给下游沿黄地区的工农业生产造成了较大损失，同时也严重影响了下游及河口的生态系统。为了解决黄河断流问题，1999 年，黄河水利委员会开始对黄河水资源实行统一管理和调度，在基本保证治黄、城乡工农业用水的情况下，确保生态用水，当年黄河仅断流 8 d；2000 年，在北方大部分地区持续干旱和成功向天津紧急调水 10 亿 m³ 的情况下，黄河实现了全年未断流。

（三）地下水回灌调节措施

通常，在枯水季节为满足工农业生产以及生态系统用水需求，需要大量开采地下水，而这又势必会引起地下水位下降、水资源储量减少，并引起地面沉降、土地荒芜、海水入侵等地质灾害和环境问题。因此，在开发利用地下水资源时，必须人为调节好地下水的开采与补给关系，在丰水季节借助各种工程措施，将地表水引入地下，从而达到在时间和空间上对地下水进行合理调配、补偿枯水季节损失水量的目的，这种增补地下水的方法称为人工补源回灌工程。

地下水人工回灌工程，具有安全、经济、不占地、工程技术简单的特点，在 20 世纪

50年代，国外已开始采用人工补给的方法增加地下水补给量，如日本早已将人工回灌地下水列入地下水保护法。我国在人工回灌地下水方面也做了大量研究工作，如上海市每年抽取地下水0.14亿m³，人工回灌0.17亿m³，使地下水位得到控制；河北省南宫水库采用人工回灌，仅花费2000万元，就取得了回补1.12亿m³调节水量至地下水库的效果。目前，人工回灌工程在控制地面沉降、扩大地下水开采量、利用含水层储能等方面取得了巨大效益。

人工回灌地下水的方法很多，可分为直接法和间接法两种。直接法分为浅层地面渗水补给和深层地下水灌注补给两种，间接法主要指诱导法。

（四）退耕还林措施

1998年长江流域发生大洪水以后提出的"退耕还林，退田还湖"治水措施，是我国实行的第一个大规模生态系统建设措施。与之相类似，在过度放牧的地区"退牧还草"、把利用效率很低的平原水库"退蓄还流"也都是生态系统建设的措施。同时，这些措施也是调整农村产业结构、合理保障生态用水、促进人水和谐的重要举措。这是因为在天然情况下，各种生态系统发挥了自我调节、净化环境等多种功能，而农业的大力发展占用了大量的水土资源，严重挤占了天然生态系统的生存空间，于是河道断流、湖泊萎缩、植被消亡等生态危机接踵而至。为了重建生态系统，恢复其原有的环境自净功能，必须压缩人类自身的发展用水，其中退耕还林政策是压缩农业用水、保障生态用水的有效手段。

实施退耕还林，第一，要坚持"生态效益优先，兼顾农民吃饭、增收以及地方经济发展"的原则，科学划定退耕还林面积，凡是水土流失严重、粮食产量低而不稳的坡耕地和沙化耕地，应按国家批准的规划实施退耕还林，而对于生产条件较好又不会造成水土流失的耕地，农民不愿退耕的不强迫退耕。第二，要根据不同气候的水文条件和土地类型进行科学规划，做到因地制宜，乔灌草合理配置，农林牧相互结合。在干旱、半干旱地区，重点发展耐旱灌木，恢复原生植被。在雨量充沛、生物生长量高的缓坡地区，可大力发展竹林、速生丰产林。第三，在确保地表植被完整、减少水土流失的前提下，可采取林果间作、林竹间作、林药间作、林草间作、灌草间作等多种合理模式还林，立体经营，实现生态效益与经济效益的有效结合。第四，对居住在生态地位重要、生态环境脆弱、已丧失基本生存条件地区的人口实行生态移民。对迁出区内的耕地全部退耕、草地全部封育，实行封山育林育草、封山禁牧，恢复林草植被。

第七章　水文水资源的开发与管理

水资源是维持人类生存和促进社会发展的重要物质基础，水资源开发利用，是改造自然、利用自然的一个方面。随着我国经济的快速发展，水资源短缺以及水资源污染现象日益严重，因此，加强对水资源的合理开发以及可持续利用显得尤为重要。与此同时，经济与科学技术的发展，也使水利事业在国民经济中的命脉和基础产业地位愈加突出；水利工程建设水平的提高更是对进一步促进水能水电的开发利用、保护生态环境，以及促进我国经济发展具有举足轻重的意义。[1]

第一节　水资源开发的方向

一、我国水资源开发利用的情况

我国是世界上水利建设历史悠久的国家，历代把发展水利作为治国安邦的重要措施。我国历史上比较著名的水利工程有：河北临漳的漳水十二渠（公元前466年）、四川都江堰市的都江堰（公元前256年前后修建）、陕西关中的郑国渠（公元前246年）、广西兴安县的灵渠（公元前221—前214年）。还有开始于春秋（公元前497年），经多次增修改建，到元代（1271—1368）全线贯通的南北大运河，以及开创于东汉的浙江海塘等。19世纪，外有帝国主义列强的侵略，内有反动腐朽的封建统治，军阀混战，政治腐败，水利发展处于停滞状态。到1949年，旧中国遗留下来的水利工程为数很少：大型水库只有6座，中型水库17座；防洪堤防、海塘4.2万km；灌溉面积约1600亿m²，仅占耕地面积的15%；内河通航约7.3万km；水力发电装机容量16.3万kW，年发电量7.1亿kW·h。

1949年新中国成立以来，水利事业进入了新的发展时期，从治淮开始，对黄河、海河、长江等大江大河进行了全面治理，农田水利建设进入了蓬勃发展的阶段，恢复、改建和扩建了原有的灌区，新建了大量新灌区。结合水资源综合开发利用，大批水电站相继落成，大量供水工程为大中城市提供了必需的水源。截至1998年，全国已建成水库8.49万座，总库容4924亿m³，其中大、中型水库3056座，总库容4333亿m³；建成水闸3.17万座，其中大、中型3263座。整修、新修堤防25.8万km，保护耕地3629万m²，保护人口

---

① 刘景才，赵晓光，李璇. 水资源开发与水利工程建设 [M]. 长春：吉林科学技术出版社，2019.

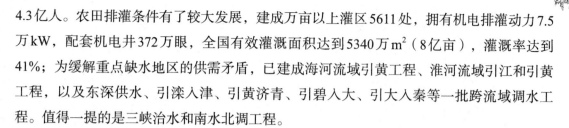

4.3亿人。农田排灌条件有了较大发展，建成万亩以上灌区5611处，拥有机电排灌动力7.5万kW，配套机电井372万眼，全国有效灌溉面积达到5340万m²（8亿亩），灌溉率达到41%；为缓解重点缺水地区的供需矛盾，已建成海河流域引黄工程、淮河流域引江和引黄工程，以及东深供水、引滦入津、引黄济青、引碧入大、引大入秦等一批跨流域调水工程。值得一提的是三峡治水和南水北调工程。

我国在水资源的开发利用上存在明显的地域性。

第一，南方片。在1980年—1997年期间，供水量由2246亿m³增长到2951亿m³，供水量增长705亿m³，占全国供水总增长量的59.1%。其中长江、珠江两流域片供水量的增长最快，增长量约占南方片总增长量的80%，反映了珠江三角洲和长江下游经济高速增长对供水量的影响。由于增长速度超过北方片和西北内陆片，1997年南方片的供水量占全国的比重已从1980年的50.7%上升为52.5%，增加了1.8个百分点。南方供水量的增长主要靠地表水，1999年地表水供水量仍占总供水量的95%以上，但近几年来由于地表水受到污染影响，地下水的利用也有加大趋势，特别在长江下游和珠江三角洲地区比较明显。

第二，北方片。供水量由1980年的1626亿m³增长到1997年的2126亿m³，共增长500亿m³，占全国总增长量的42%。供水量的增长受当地地表水资源不足的影响，主要靠抽取地下水，包括超采地下水来维持不断增长的用水需求。1997年地下水的利用比重，海河为61%，黄河和淮河也分别上升到33%和28%，松辽河达到43%。全北方片达到34%，比1980年的24.7%增加了9.3个百分点。地下水的开采量共增加348亿m³，占供水总增加量的70%。地表水的利用，1997年和1980年相比，海河和黄河受干旱影响，地表水供水量略有减少，淮河靠引江使供水量有一定幅度的增长，松辽河地表水供水量增加了84亿m³，全北方片地表水共增加150亿m³，占供水总增加量的30%。在4个流域片中以松辽河片供水量的增长最快，1997年供水量比1980年增加了265亿m³，占全片供水总增长量的53%。

第三，内陆河片。1997年地表水的供水量比1980年减少32亿m³，这说明节水工作初见成效，但由于塔里木河、乌鲁木齐河、玛纳斯河、石羊河、黑河等流域的地表水开发利用程度已远超过40%的国际公认标准，严重影响了河流下游的生态环境，节水工作仍应进一步加强。地下水的开采量，1997年比1980年增加了19亿m³，总利用量达到59亿m³，占总供水量的10.8%，主要用于城市与工业供水。目前，农灌区地下水的利用较少，地下水位偏高，次生盐渍化严重，今后应加大灌区地下水的利用，以减少陆面无效蒸发，控制次生盐渍化的发展。

我国水资源开发利用率1980年为16.1%，1993年上升到18.9%，1997年和1999年达到19.9%。北方片的水资源利用率1997年已接近50%，其中超过50%的流域片有黄河（67%）、淮河（59%）、海河（近90%），均在北方地区。这些地区水资源的过度开发，引起了河流断流、湖淀干涸、地下水位大幅度下降、地面下沉、河口生态等问题。内陆河的水资源开发利用也已超过40%，松辽河片已达32%，这些地区随着灌溉面积的进一步扩大，也应特别注意水资源和相关生态环境的保护，南方各流域片的水资源利用率虽不高，但要注意水质保护。这些水资源丰富地区因污染造成水体质量下降，从而产生了水质型或污染型缺水现象。

二、整体—综合—优化思想的产生

早期（截至20世纪30年代）水资源开发利用策略思想的特点是：单一水利工程的规划、设计和运行，功能上以单用途单目标开发较多。例如，单纯的防洪滞洪水库，或航运渠化闸坝，以灌溉引水或发电为目的的水库、堰闸等。20世纪30年代末，由于生产的需要及高坝技术和高压输电技术的发展，水库综合利用的思想已开始萌芽。

近代水资源开发利用策略思想的一个重要发展，就是综合利用思想的发展、落实和整体观点的兴起。田纳西河流域综合开发、三峡水利枢纽的建设就是这一思想的体现。

水资源本质上具有多功能、多用途的特点，因此，一库多用、一水多效的策略思想迅速推广、扩大。水资源利用的趋势，是向多单元、多目标发展，规模和范围也在不断增大。但水资源的多用途、多目标开发和综合利用的同时，也带来了很多矛盾，需要协调多用途、多目标之间的冲突，因此需要整体、综合考虑。

水资源的综合利用，自然带来了如何在规划管理中处理多个目标或多个优化准则的问题，而这些目标可能各种各样，多半是不可共度的，有些甚至不能定量而只能定性。这就需要把多目标规划的理论和方法引入和应用于水资源规划和管理工作之中。

流域或地区范围的水资源问题，往往是一个大的、复杂的系统。例如，流域的干支流的梯级库群、兴利除害的各种水利水电开发管理目标、地面地下水各种水源的联合共用等。为了使这样的大系统易于优化求解，利用大系统分解协调优化技术是非常必要的。

由此可见，近代水资源开发利用的思想经历了一个从局部到整体、从一般到综合、从追求单目标最优到多目标最佳协调的发展过程。水资源的研究对象越来越复杂，系统分析的方法在水资源的研究中起到了越来越重要的作用。

三、水资源可持续开发利用的理念

现代意义的水资源开发利用还与可持续发展紧密相连。当代水资源开发利用已涉及社会和环境问题，其内容、意义、目标比以往的水利水电工程研究的范围更为广泛。走可持续发展道路必然要求对水资源进行统一的管理和可持续的开发利用。

水资源可持续利用的理念，就是为保证人类社会、经济和生存环境可持续发展对水资源实行永续利用的原则。可持续发展的观点是20世纪80年代在寻求解决环境与发展矛盾的出路中提出的，并在可再生的自然资源领域相应提出可持续利用问题。其基本思路是在自然资源的开发中，注意因开发所致的不利于环境的副作用和预期取得的社会效益相平衡。在水资源的开发与利用中，为保持这种平衡就应遵守供饮用的水源和土地生产力得到保护的原则，保护生物多样性不受干扰或生态系统平衡发展的原则，对可更新的淡水资源不可过量开发使用和污染的原则。因此，在水资源的开发利用活动中，绝对不能损害地球上的生命支持系统和生态系统，必须保证为社会和经济可持续发展合理供应所需的水资源，满足各行各业用水要求并持续供水。此外，水在自然界循环过程中会受到干扰，应注意研究对策，使这种干扰不致影响水资源的可持续利用。

为适应水资源可持续利用的原则，在进行水资源规划和水工程设计时应使建立的工程系统体现如下特点：天然水源不因其被开发利用而造成水源逐渐衰竭；水工程系统能较持久地保持其设计功能，因自然老化导致的功能减退能有后续的补救措施；对某范围内水的供需问题能随工程供水能力的增加及合理用水、需水管理、节水措施的配合，较长期地保持相互协调的状态；因供水及相应水量的增加而致废污水排放量的增加，须相应增加处理废污水能力的工程措施，以维持水源的可持续利用效能。

水资源可持续利用的思想和战略是"整体—综合—优化"思想的进一步发展和提高，研究的系统更大、更复杂，牵涉的学科也更加广泛。

第二节　水资源开发利用工程

一、水资源开发利用的发展过程

我国水资源开发利用历史悠久。从上古时代起，我国劳动人民就致力于水旱灾害的防御，几千年来，建设了大运河、都江堰、灵渠等一批著名的水资源利用工程，在抵御水旱灾害方面发挥了一定的作用。但是到了19世纪末至20世纪初，由于帝国主义列强的入侵以及连年的战争，水利发展基本上处于停滞状态。1949年中华人民共和国成立后，水资源事业得到迅速发展。

中国开发利用水资源，大致可分为三个阶段：

1.单一目标开发，以需定供的自取阶段（大禹治水—新中国成立）

这一阶段的主要特点是：对水资源进行单目标开发，主要是灌溉、航运、防洪等。其决策的依据也常限于某一地区或局部的直接利益，很少进行以整条河流或整个流域为目标的开发利用规划。这一阶段，水资源可利用量远大于社会经济发展对水的需求量，水给人们的印象是"取之不尽、用之不竭"的。

2.多目标开发，以供定需，综合利用，重视水质，合理利用和科学管水阶段（新中国

成立—20世纪70年代末）

水资源的开发利用目标由单一目标发展到多目标的综合利用，开始强调水资源统一规划、兴利除害、综合利用。在技术方法方面，通过规划与一定数量的方案比较，来确定流域或区域的开发方式，提出工程措施的实施程序。但水资源开发的侧重点和规划目标以及评价方法，大多以区域经济的需求为前提，以工程或方案的技术经济指标最优为依据，未涉及经济以外的其他方面，如节约用水、水资源保护、生态环境、合理配置等问题。在这一阶段中，由于大规模的水资源开发利用工程建设，可利用水资源量与社会经济发展的各项用水逐步趋于平衡，或天然水体环境容量与排水的污染负荷逐渐趋于平衡，个别地区在枯水年份枯水期出现供需不平衡的缺水现象。

3.人与水协调共处，全面节水，治污为本，多渠道开源的水资源可持续利用阶段（20世纪70年代末至今）

在水资源开发利用中开始强调要与水土资源规划和国民经济生产力布局及产业结构的调整等紧密结合，进行统一的管理和可持续的开发利用。规划目标要求从宏观上看，统筹考虑社会、经济、环境等各个方面的因素，使水资源开发、保护和管理有机结合，使水资源与人口、经济、环境协调发展，通过合理开发，区域调配，节约利用，有效保护，实现水资源总供给与总需求的基本平衡。这一阶段中，水的问题日益引起人们的广泛关注，水的资源意识和水的有限性认识为大家所接受。为解决以城市为重点的严重缺水问题，重点兴建了一批供水骨干工程，开展了全民节水工作，使一些城市水资源供需矛盾有所缓解。

二、水资源开发利用的基本原则

1.统筹兼顾防洪、排涝、供水、灌溉、水力发电、水运、水产、水上娱乐以及生态环境等方面的需求，以取得经济、社会和环境的综合效益。

2.兼顾上下游、左右岸、各地区和各部门的用水需求，重点解决严重缺水地区、工农业生产基地、重点城市的供水。

3.合理配置水资源，生活用水优先于其他用水；水质较好的地下水、地表水优先用于饮用水。合理安排生产力布局，与水资源条件相适应，在缺水严重地区，限制发展耗水量大的工业和种植业。

4.地表水与地下水统一开发、调度和配置。在地下水超采并发生地面沉降的地区，应严格控制开采。

5.跨流域调水要统筹考虑调出、引入水源流域的用水需求，以及对生态环境可能产生的影响。

6.重视水利工程建设对生态环境的影响。有效保护水源，防治水体污染，实行节约用水，防止浪费。

三、水资源开发利用工程

水资源开发利用工程简称水资源工程，通常称水利工程或水工程，其目的是防治水害、开发利用水资源。

水工程按服务对象可分为：

一是防治洪水灾害工程，如蓄洪工程、分洪工程及堤防工程等；

二是为农业生产服务的农田水利工程，也称为灌溉排水工程；

三是将水能转化为电能的水力发电工程；

四是为水运服务的航道及港口工程；

五是为人类生活和工业用水、处理废污水和雨水服务的城镇供水及排水工程；

六是为防止水质污染、维护生态环境的环境水利工程；

七是为防止和治理水土流失的水土保持工程。

为满足经济社会用水要求，人们需要从地表水体取水，并通过各种输水措施传送给用户。除在地表水附近，大多数地表水体无法直接供给人类使用，须修建相应的水资源开发利用工程对水进行利用。也就是说，一般的地表水开发利用途径是通过一定的水利工程，从地表取水再输送到用户。通常情况下，水工程按照对水的作用主要可分为蓄水工程、引水工程、提水工程、蓄引提结合灌溉工程、跨流域调水工程等。

（一）地表水取水构筑物

工程的形式应适应特定的河流水文、地形及地质条件，并考虑工程的施工条件和技术要求。根据水源的自然条件和用户对取水要求的差异，地表水取水构筑物可有不同类型。如取水形式可以分为蓄水工程、自流引水式和加压式（抽水站）等，按照加压式又可进一步将取水构筑物分为固定式、移动式，每类还可细分。每类工程自取水处至用户均应修建渠道（明渠）、涵洞、管道等输水建筑物。本节主要讨论取水口（处）的工程类型。

1.自流引水式工程

河道天然流量能满足用水要求时，如水位高程也合适，可直接用引水渠引水；但当河流水位较低，或河流水位虽高，但引水流量较大，或小水期须从河道引取大部分或全部来水时，则须修建拦河工程，以适当壅高上游水位和宣泄多余来水，并修建防沙及冲刷建筑物，或根据需要修建发电、通航、过木、过鱼等专门建筑物，这些引水建筑物的综合体，就形成了引水枢纽，简称为渠道。除满足引水要求外，还应满足河道防洪和河道综合利用要求。

引水枢纽分为无坝引水和有坝引水两种类型。无坝引水枢纽是在河岸适当位置开设引水口和修建其他附属建筑物，但不拦河筑坝壅高水位。优点在于工程简单，投资少，引水对河道综合利用影响小。但缺点在于，引水口工作受控于河道水位涨落，水口所在河段的冲淤变形难以控制，故引水可靠性差。这种类型适于大河引水，需要依据河势，慎重选择引水口的位置。

有坝引水枢纽修建有拦河低坝，这种低坝虽对河道径流无调节能力，仅用以控制河道引水水位，但可影响河床变形、航运和过鱼等。一般适用于大流量引水，应用非常广泛。

由于采取自流方式直接从河道引水，引水高程受河流河床断面控制，由于对河道水沙缺乏调节功能，引水流量受河道径流变化影响，且易引入大量泥沙。一般在洪水期间水位高，流量和含沙量较大，枯水期则相反，故引水枢纽统河源来水同用水供需间矛盾，在满足河道防洪和综合利用的同时应能拦截或复归粗颗粒泥沙于河道，按照用水时间分配要求和限沙要求自流引水入渠。故此，引水口应开设于适宜高程并具有足够尺寸，且必须靠近主流，并辅以河道治理措施，防止引水口被洪水冲毁或被泥沙淤塞。

我国河流含沙量较高，故引水枢纽设计时均应采取合宜的水沙分离设施，将推移质泥沙拦截于河道或减少渠中水流的悬浮泥沙。或者在靠近渠首的渠道段设置沉沙池，并适时冲沙使之复归河道。

在有漂浮物的河道上，应采取拦污设施以防止进入渠道。寒冷地区还应阻挡冰凌入渠。

2.蓄水工程

河流的天然流量及水位年际或年内均有丰、枯变化，而从供水特别是城市、工业及人畜用水均有永续性和连续性要求，为了调节河源来水和用水在时间上的矛盾，常需要在河道上修建拦河坝以形成水库并抬高库内水位，利用水库的库容调节来水流量，以满足用户要求。

蓄水工程由挡水建筑物、泄水建筑物和放（引）水建筑物组成。若多目标运行时，还可建有水电站或船闸等专门建筑物。

3.扬水工程

当两岸地面远高出河道水流水位的时候，即使修建蓄水工程或拦河坝，也不能自流引水时，则必须通过修建泵房，通过一级或多级加压而将水送至用户，这样的取水工程称为扬水工程。

扬水工程按取水口工程构筑物构造形式，分为固定、移动取水构筑物两类，但无论哪种类型，取水口建筑主要有集水建筑物（集水井、池）和加压泵房。

（二）地下水取水构筑物

由于地下水的类型、含水层性质及其埋藏深度等取水条件、施工条件和供水要求各不相同，故而，开采取集地下水的方式和构筑物类型等选择必须因地制宜地确定。

地下水取水构筑物依其设置方向是否与地表垂直，分为垂直取水构筑物和水平取水构筑物两种形式。垂直取水构筑物主要为管井、大口井及辐射井等。依其是否揭穿整个含水层厚度又可分为完整井和非完整井。而水平取水构筑物的设置方向与地表大体平行，主要有渗水管和渗渠及集水廊道等。此外，有些条件下也可采用取水斜井等。例如，我国新疆一带以及西北地区的坎儿井和截潜流工程、引泉工程也在实际中得到广泛应用。

第三节　水资源的公共行政管理

一、水资源公共行政管理的基础

自然资源纳入公共行政管理范畴，必须满足以下条件：第一，资源的有限性；第二，资源的必要性；第三，资源的稀缺性；第四，资源的可管理性；第五，政府管理成本相对较低；第六，产权难以界定，开发秩序混乱。

资源的有限性："取之不尽、用之不竭"的资源是不需要进行管理的。

资源的必要性：资源的必要性是人们对资源进行争夺的前提，会引发开发利用秩序问题，因此需要进行管理。

资源的稀缺性：资源的有限并不意味着稀缺，至少在一定的历史阶段不存在稀缺性。不存在稀缺性的资源没有管理也不会引发问题，至少在当前的历史阶段它不会引发问题，所以也没有必要进行管理。

符合上述条件的资源一般都是管理的对象，但是在管理的实践中，我们也发现符合上述三个条件的资源，有的管理起来较为顺利，有的则难以实施有效管理。导致这种现象的原因是多方面的，但其中最重要的问题是"资源的可管理性"。

水是生命之源，是生态环境重要的因子之一，是经济社会发展不可替代的自然资源。首先，随着经济社会的快速发展，人类开发利用自然资源的能力不断增强，为满足经济社会发展对水资源的需求，人类不断加大对水资源的开发利用力度。但随着开发力度的不断加大，河流断流、地下水位急剧下降、水生生物种群退化、濒危物种名单不断加长的问题不断出现，因此，开发利用的边际成本快速升高，生态的制约越来越大，明确地告诉我们传统的水资源利用模式再也不可持续。在防止全球或一个区域生态系统出现灾难性问题的前提下，解决人类经济社会不断发展对水资源的需求问题，唯一的出路就是加强管理。通过管理水平的提高，促进水资源使用与配置效率的提高，从而满足经济社会不断发展的需求。其次，由于水资源的日益紧缺，因经济活动和生存引发的争夺水资源的事件也不断出现，需要政府采用强制力对其进行规范。最后，水资源的流域性、区域性、重复性特点，使得它不能采取与其他自然资源一样的以市场管理为主导的管理模式。为此，《中华人民共和国水法》将水资源纳入了行政管理的范畴。

二、水资源公共行政管理的任务

资源管理的目标有两个：一是合理开发利用节约保护资源；二是维护资源开发利用的秩序。

自然资源是人类生存与发展的先决条件，是人类社会存在与发展的基础，人类通过开发利用资源获得生存的条件与利益，但是在开发利用中由于受到利益的驱使，极易出现过度开发、浪费资源、破坏资源的情况。为了防止这种现象的发生，必须由政府进行管理。同时，在资源开发利用过程中，不可避免地会出现资源开发者之间的利益纠纷，从而影响社会的稳定，因此，也必须由政府对其进行管理，维护正常的开发利用秩序。

水资源公共行政管理是从另一个角度看待水资源问题：如何提高公共行政管理的效率，如何用有限的力量维护合理的用水秩序，如何通过管理措施提高用水的效率，解决需求管理的问题。

三、水资源行政管理的方面

长期以来，我国水资源管理较为混乱，水权分散，形成"多龙治水"的局面，例如，气象部门监督大气降水，水利部门负责地表水，地矿部门负责评价和开采地下水，城建部门的自来水公司负责城市用水，环保部门负责污水排放和处理，再加上众多厂矿企业的自备水源，致使水资源开发和利用各行其是。实际上，大气降水、地表水、地下水、土壤水以及废水、污水都不是孤立存在的，而是有机联系的、统一且相互转化的整体。简单地以水体存在方式或利用途径人为地分权管理，必然使水资源的评价计算难以准确，开发利用难以合理。

对水资源进行科学合理的管理，应从资源系统的观点出发，对水资源的合理开发与利用，规划布局与调配，以及水源保护等方面，建立统一的、系统的、综合的管理体制，按照《水法》和有关规定，由水行政主管部门实施管理，并主要应体现在以下几方面：

1. 规划管理

对于大江大河的综合规划，应以流域为单位进行。应与国民经济发展目标相适应，并充分考虑国民经济各部门和各地区发展的需要，进行综合平衡，统筹安排。根据国民经济发展规划和水资源可能供水能力，安排国家和地区的经济和社会的发展布局。

水资源综合规划，应是江河流域的宏观控制管理和合理开发利用的基础，经国家批准后应具有法律约束力。

2. 开发管理

开发管理是实现流域综合规划对水资源进行合理开发和宏观控制的重要手段，也是水行政部门对国家水资源行使管理和监督权的具体体现。各部门、各地区的水资源开发工程，都必须与流域的综合规划相协调。

我国以往兴建水利工程开发水资源，是按照基建程序进行的，不须办理用水许可申请。现在我国《水法》规定，凡须开发利用新水源修建新工程的部门，都必须向水行政主管部门申请取水许可证，发证后方可开发。实际上，目前世界上许多国家都早已实行取水许可证制度，限制批准用水量，并必须根据许可证规定的方式和范围用水，否则取消其用水权。这一制度在我国刚刚开始实行，有待今后在实践中积累经验。

3.用水管理

在我国水资源日益紧缺的情况下，实行计划用水和节约用水是缓和水资源短缺的重要对策。水行政主管部门应对社会用水进行监督管理，各地区水利部门应制订水的中长期供求规划，优化分配各部门用水。为达到此目的，应制定各行业用水定额。限额计划供水；还应制定特殊干旱年份用水压缩政策和分配原则；提倡和鼓励节约用水，并制定节水优惠政策。对节水单位进行奖励，以促进全社会都来节水。

对于使用水利工程如水库供应的水，应按规定向供水单位缴纳水费；对直接从江河和湖泊取水和在城市中开采地下水的，应收取水资源费。这是运用经济杠杆保护水资源和保证供水工程运行维修，以促进合理用水和节约用水的行之有效的办法。

4.水环境管理

人类对于天然宝贵的水资源应加以精心保护，避免滥排污水造成水质污染，因为水源污染不仅使可用水量逐日减少，而且危害人类赖以生存的生态环境。为了解决保护水资源的问题，许多国家都成立了国家一级的专门机构，把水资源合理开发利用和解决水质污染问题有机结合起来，大力开展水质监测、水质调查与评价、水质管理、规划和预报等工作。为了进行水环境管理工作，应制定江河、湖泊、水库不同水体功能的排污标准。排放污水的单位应经水管理部门批准后，才能向环保部门申请排污许可证，超过标准者处以经济罚款。水行政主管部门与环境保护部门，应共同制订出水源保护区规划。

世界各国水资源管理体制主要有：①以国家和地方两级行政机构为基础的管理体制；②独立性较强的流域（区域）管理体制；③其他的或介于上述两种之间的管理体制。关于水的主管机关，有的国家设立了国家级水资源委员会，其性质，有的是权力机构，有的是协调机构；也有的国家如日本，没有设立这种统一机构，而是分别由几个部门协调管理水资源工作。

我国国务院设有全国水资源与水土保持领导小组，其日常办事机构设在水利部，负责领导全国水资源工作。根据我国《水法》规定，国务院的水行政主管部门系水利部，负责全国水资源的统一管理工作，其主要任务为：①负责水资源统一管理与保护等有关工作；②负责实施取水许可制度；③促进水资源的多目标开发和综合利用；④协调部门之间和省、自治区、直辖市之间的水资源工作和水事矛盾；⑤会同有关部门制订跨省水分配方案和水的长期供求计划；⑥加强节水的监督管理和合理利用水资源等。

我国目前对水资源实行统一管理与分级、分部门管理相结合的制度，除中央统一管理水资源的部门外，各省、自治区、直辖市也建立了水资源办公室。许多省的市、县也建立了水资源办公室或水资源局，开展了水资源管理工作。与此同时，在全国七大江河流域委员会中建立健全水资源管理机构，积极推进流域管理与区域管理相结合的制度。

四、水资源管理的行政措施

行政手段又称行政方法，是依靠行政组织或行政机构的权威，运用决定、命令、指令、指示、规定和条例等行政措施，以权威和服从为前提，直接指挥下属的工作。采取行政手段管理水资源主要是指国家和地方各级行政管理机关依据国家行政机关职能配置和行政法规所赋予的组织和指挥权利，对水资源及其环境管理工作制定方针、政策，建立法规、颁布标准，进行监督协调。实施行政决策和管理是进行水资源活动的体制保障和组织行为保障。

水资源的特有属性和市场经济对资源配置方式决定了政府对水资源管理应以宏观管理为主，宏观管理的重点是水资源供求管理和水资源保护管理。在水资源配置、开发、利用和保护等环节，围绕处理水资源供给与需求，开发和保护的关系，以及处理由此而产生的人们之间的关系，成为水资源管理的永恒主题。以水资源可持续利用支撑经济社会可持续发展，保障国家发展战略目标的实现，这是水资源管理的根本任务。实现经济效益、社会效益和环境效益高度协调统一的水资源优化配置是管理的最高目标。

水资源行政管理主要包括如下内容：

1.水行政主管部门贯彻执行国家水资源管理战略、方针和政策，并提出具体建议和意见，定期或不定期向政府或社会报告本地区的水资源状况及管理状况。

2.组织制定国家和地方的水资源管理政策、工作计划和规划，并把这些计划和规划报请政府审批，使其具有行政法规效力。

3.某些区域采取特定的管理措施，如划分水源保护区，确定水功能区、超采区、限采区，编制缺水应急预案等。

4.对一些严重污染破坏水资源及环境的企业、交通等要求限期治理，甚至勒令其关、停、并、转、迁。

5.对易产生污染、耗水量大的工程设施和项目，采取行政制约方法，如严格执行《建设项目水资源论证管理办法》《取水许可制度实施办法》等，对新建、扩建、改建项目实行环保和节水"三同时"原则。

6.鼓励扶持保护水资源、节约用水的活动，调解水事纠纷等。

2011年中央1号文件和中央水利工作会议，明确提出实行最严格水资源管理制度，要把严格水资源管理作为加快转变经济发展方式的战略举措。2012年1月，国务院发布了《国务院关于实行最严格水资源管理制度的意见》，对实行最严格水资源管理制度做出全面部署和具体安排。

实行最严格水资源管理的内容主要是建立4项制度、确立3条红线。其中，4项制度分别为：用水总量控制制度、用水效率控制制度、水功能区限制纳污制度、水资源管理责任与考察制度。针对这4项制度，划定了3条红线，分别是水资源开发利用控制红线、用水效率控制红线和水功能区限制纳污红线。水资源开发利用控制红线确定，到2030年，全国用水总量控制在7000亿 m^3 以内；用水效率控制红线要求，到2030年，我国用水效率达到或接近世界先进水平；万元工业增加值用水量，以2000年不变价计算，降低到40m^3以下。全面建设节水型社会是建立用水效率控制制度的重要举措，是解决我国水资源短缺的根本措施；水功能区限制纳污红线规定，到2030年，我国主要污染物入河总量控制在水功能区纳污能力范围之内，重要江河湖泊水功能区水质达标率在95%以上。

第四节　水资源管理的规范化及其制度体系建设

一、水资源管理的规范化

（一）水资源管理规范化的目的和意义

1.水资源管理的概念

水资源管理是一门新兴的应用科学，是水科学发展的一个新动向。它是自然科学和社会科学的交叉科学，它不仅涉及研究地表水的各个分支科学和领域，如水文学、水力学、气候学及冰川学等，而且和水文地质学各领域、与各种水体有关的自然、社会和生态甚至和经济技术环境等各方面密不可分。因此，研究并进行水资源管理，除了应用上述有关水科学的研究理论和方法外，还需要运用系统理论和分析方法，采用数学方法和先进的最优化技术，建立适合所研究区域的水资源开发利用和保护的管理模型，以达到管理目标的实现。

关于水资源管理的概念，尽管使用范围比较广泛，但目前学术界尚无统一的规范解释。《中国大百科全书·水利卷》对水资源管理的解释为：水资源开发利用的组织、协调、监督和调度，运用行政、法律、经济、技术和教育等手段，组织各种社会力量开发水利和防治水害，协调社会经济发展与水资源开发利用之间的关系，处理各地区、各部门之间的用水矛盾，监督、限制不合理的开发水资源和危害水源的行为，制订供水系统和水库工程的优化调度方案，科学分配水量。《中国大百科全书·环境科学卷》的解释为：为防止水资源危机，保证人类生活和经济发展的需要，运用行政、技术、立法等手段对淡水资源进行管理的措施。水资源管理工作的内容包括调查水量、分析水质、进行合理规划、开发和利用保护水源、防止水资源衰竭和污染等。同时，也涉及与水资源密切相关的工作，如保护森林、草原、水生生物，植树造林，涵养水源，防止水土流失，防止土地盐渍化、沼泽化、沙化等。

2.水资源管理规范化的目的

水资源管理规范化的目的是：通过水资源管理规范化建设，建立规范标准的管理体系和支撑保障体系，实现"依法治水"和"科学管水"，实现现代政府"社会管理与公共服务"的协调开展，从根本上提高水资源的管理水平和管理效率，从而配合我国最严格水资源管理制度的贯彻实施。

3.水资源管理规范化的意义

在今后相当长的一段时间内，水资源管理的主体是实行最严格的水资源管理制度。规范化管理对水资源工作而言，是依法行政的需要，是实行最严格的水资源管理制度的必由之路。

（1）依法行政的需要

规范化管理究其本质是"依法管理"。所谓依法行政，是指行政机关严格依照法律的规定推行公共行政并采取有效措施保证法律实施的活动。依法行政是水资源管理工作的本质要求。就水资源管理工作而言，依法行政要求我们把一切权利、义务和应遵守的规则最大限度地实现制度化，推行规范化管理，实现在法治基础上的有限管理，有效制约自由裁量权的行使，确保水资源管理工作在法治的框架内规范、有序地开展活动。

（2）实行最严格的水资源管理制度的必由之路

规范化管理与实行最严格的水资源管理制度是新时代下水资源管理工作的两个不同层面：实行最严格的水资源管理制度强调的是宏观层面，而规范化管理侧重于微观层面，从程序、规则、人员等诸方面建立或优化机制，通过具体的工作来实现推进最严格的水资源管理制度的目的。规范化管理是依法行政在水资源工作中的具体实践形式，是实行最严格的水资源管理制度的必由之路。

（二）水资源管理规范化建设的内涵和要求

实现水资源管理规范化建设，必须重点做好以下工作：

1.加强领导，完善机制

水资源管理规范化建设作为一项创新工作，应当引起各级领导和水资源管理与调度工作者的高度重视，从而强化创建工作领导，加大创建工作力度，形成良好的创建工作机制。为使规范化建设规范有序，应结合当地水资源管理与调度工作的特点和实际，制订切实可行的创建工作方案，明确规范化建设指导思想、建设目标、实施方法、落实措施等，确保水资源管理规范化建设工作有条不紊。

2.强化依法治水，做到有法可依

根据《水法》《防洪法》《水土保持法》《水污染防治法》《行政许可法》《取水许可和水资源费征收管理条例》等法规和规定，结合当地水资源管理与调度工作实际，加强制度建设，强化依法行政，依法治水、管水、调水，通过逐步完善和落实各项规章制度，形成强有力的监督制约机制和依法管理的良好氛围，真正做到用制度管理、规范、约束、激励全体水资源管理与调度人员知法、懂法的积极性。制度建设是规范化建设工作的重要基础，结合水资源管理与调度工作实际，制定完善、具体、可操作性强的水资源管理与调度工作各项规章制度，是确保规范化建设工作顺利实施，全面完成规范化建设任务的重要保障。随着水资源管理与调度工作地位和重要性的不断提高，所面临的新情况、新问题的不断出现，要求水资源管理与调度工作制度建设必须与时俱进，不断地完善提高，使其能够适应新情况、解决新问题，更好地规范水资源管理与调度工作者的行为，提高水资源管理与调度工作水平，为全面完成水资源管理与调度规范化建设任务奠定坚实的基础。

3.加强专业化管理队伍建设

结合水资源管理与调度工作的特点，突出以人为本思想，建立一支机构健全，人员精干、高效、懂技术、能够适应现代水利管理要求的专业化队伍。优化队伍结构，强化管理人员的素质教育和专业技术知识培训，努力使全体工作人员达到政治强、作风硬、业务精、效率高。

4.落实目标管理责任制

按照目标管理要求，确定年度水量调度、水资源开发利用、取水许可及监督管理等工作任务，量化管理指标，细化管理内容，建立水资源管理与调度人员岗位责任制，强化目标管理，制定目标管理考核和奖惩制度，实行目标责任追究制。

5.健全考核机制，确保规范化建设质量

为提高水资源管理规范化建设工作的主动性，确保规范化建设目标的实现，根据规范化建设标准制定《水资源管理与调度规范化建设考核验收办法》和《水资源管理与调度规范化建设考核验收评分标准》，把规范化建设的各项目标内容，纳入科学的考核评定标准之中，建立有效的运行激励机制，从而推进规范化建设进程，强化规范化建设工作力度，确保规范化建设的质量和效果。

6.强化目标管理，全面提升规范化建设水平

为确保规范化建设任务能够保质保量完成，在规范化创建过程中，应严格按照规范化建设标准，逐项逐条对照落实，深入细致地开展创建工作。由于量化、细化后的内容丰富、涉及面广，在创建工作中应实行目标管理，把创建任务分解细化，责任到人，使有关管理人员人人有任务、有指标、有压力、有动力，充分调动全体工作人员的创建积极性。规范化建设不但只体现在"软件"建设上，硬件建设作为强化水资源高度管理、实现规范化建设目标的有力支撑，也丝毫不容忽视，必须引起各单位领导的高度重视，按照创建工作标准，配置相应的硬件设施，从而全面提升规范化建设的档次和标准。

7.实现科学管理与创新

坚持以科学发展观指导水资源管理规范化建设工作，充分调动水资源管理与调度工作

者创新工作的积极性，加大创新工作力度；充分利用现代化的管理手段调水、管水，强力推进水资源管理与调度工作科技创新、制度创新、管理创新，不断提升水资源管理与调度工作的科技水平，提高水量调度的科技含量。

8.做到精心调度、措施到位

根据"精心预测、精心调度、精心协调、精心监督"的要求，坚持水量调度管理认真、具体、扎实、到位原则，制订详细的调度方案和实施措施，强化计划用水的科学性、订单供水的强制性、引水控制的实时性和订单调整的严肃性，提高引水订单的精度，强化实时调度力度，做到水调紧急情况下有对策、有措施，努力把水调工作抓实、抓细。

9.测流计量、数据整理、资料编报规范化

加强领导，专人负责，加强测流计量标准化管理，严格落实引水计量工作岗位责任制、持证上岗制和测流测沙签名制，始终保持各涵闸测流、测沙计量设施齐备完好，并按规程和要求进行测流计量、上报引水数据，观测资料填写、计算、统计、整编，要符合国家有关水文观测规程要求。确保原始记录真实、清晰、规范、准确、编制、汇总和上报及时。充分利用现代信息技术，提高统计报表编报质量和速度，对各类文档、图表、数据、声像资料及时、全面、完整地收集、整理和归档。及时对有关资料进行整理分析，为科学调度、有效管理提供技术支持。

综上所述，在水资源管理规范化建设过程中，各级领导要经常深入基层调查研究，督促指导，及时总结创建工作经验，解决创建工作中存在的问题，增强规范化管理意识，促进规范化建设进程。同时，在实际运作中，应坚持以人为本，通过运用行政、法律、经济、技术和教育等手段实现全省水资源管理的规范化，按照与时俱进、开拓创新的工作要求，不断探索规范化建设新模式、新途径，扩大规范化建设的外延，增加规范化建设的内涵，进一步量化、细化建设目标，完善各项规章制度和管理办法，不断提升规范化建设水平，为水资源可持续利用的发展提供坚实的基础。

二、制度体系与管理规范化建设

（一）水资源管理的本质目的

水资源管理以实现水资源的持续开发和永续利用为最终目的。自20世纪80年代可持续发展被明确提出以来，可持续发展思想已经广泛为世人所接受。许多国家和地区已经把是否有利于持续发展作为衡量自己行为是否得当的重要出发点之一。水资源作为维持人类生存、生活和生产最重要的自然资源、环境资源和经济资源之一，实现水资源的持续开发和永续利用是保证实现整个人类社会持续发展的重要物质支持基础之一。也就是说，为了实现人类社会的持续发展，必须实现水资源的持续发展和永续利用。而要实现水资源的持续发展和永续利用又必须借助科学的水资源管理。科学的水资源管理是为了实现经济、社会和生态环境的持续、协调发展，可以说，实现水资源的持续开发和永续利用的水资源管理可以被称为可持续的水资源管理。

（二）水资源管理制度

水资源管理主要分为供给管理、技术性节水、结构性节水和社会化管理四个阶段。初期，水资源开发利用主要以修建水利工程，增加水源供给为主。随着水资源需求的上升，供需矛盾日益突出，科技的快速发展使得水资源管理转向技术性节水，提高水的利用效率成为可能。随着经济的快速发展和人口的不断增长，对水资源的需求剧增，技术性节水也无法解决水资源的供需缺口，此时，结构性节水得以发展，通过调整用水结构，以协调城市生产、生活和工农业用水比例。然而，经济发展和人口增长带来的严重水污染和巨大用水需求，依靠水资源内部管理已无法解决其短缺问题，于是便转向水资源外部的人类社会，进入社会化管理阶段，强调公众参与，通过调节水价等经济手段控制用水。

由于我国各时期水资源面临的主要矛盾不同，水资源管理制度呈现相应的时代特征，1949年—1977年，水资源管理分散，制度缺失，以工程管理为主，主要满足城市生产生活的需求，水利工程建设兴起，中央政府明确水资源公有制，国家负责调配，并制定了水价政策，但由于政治原因，落实难度较大。1978年—1987年，随着用水需求的增加，部分地区出现缺水状况，以行政命令为主的水资源管理制度萌芽。如黄河水量分配方案，便是实行水使用权定量分配制度的标志，水资源较少的山西省，最早开始水资源管理制度探索。随着全国水资源综合管理部门的成立，水价政策逐渐恢复，开始征收城市水费，进行排污收费试点。1988年—2001年，随着《中华人民共和国水法》及相关法律的颁布，我国进入了有法可依和取水许可管理阶段，由工程水利向资源水利转变，积极探索我国水权与水市场的水资源管理制度并进行水权交易的试点。2002年，新水法颁布，确立了水资源论证制度。2011年，中央提出了按"三条红线"（用水总量控制、定额管理、环境容量控制）实施最严格的水资源管理制度，即要建立用水总量控制制度、用水效率控制制度、水功能区限制纳污制度及水资源管理责任和考核制度。水价政策上，明确水资源使用权交易；水资源管理体制上，实现流域与行政区统一管理。我国水资源管理制度处于不断发展和完善的过程，从工程管理、非正式管理、分散管理到资源管理、正式管理、综合管理，基本建立了行政区域与流域管理相结合的水资源综合管理制度，确立了以水量分配、取水许可、水资源论证为主的水权管理制度和以全成本核算为原则的水价管理制度。

综上所述，国内外对水资源管理模式与制度的探索都取得了一定的成果，各国均建立了适合本国国情的水资源管理模式与制度。受社会经济发展水平和认知水平、自然灾害等因素的限制，水资源管理模式与制度的研究具有时代性和阶段性。未来，对水资源管理模式与制度的研究，应更趋向于将理论与实践相结合，探索新理论，应用实践来检验。

（三）水资源管理规范化建设的重要性

纵观人类水利发展的漫长历史，大体可将其划分为三个阶段：一是原始水利阶段。由于该阶段生产力低下，人口稀少，社会经济发展对水的需求量远小于水资源可利用量，而使人感觉水来自天，取之不尽，用之不竭。二是传统水利阶段。在此阶段，由于大规模的水资源开发利用工程建设，水资源可利用量与经济社会发展的各项用水逐步趋于平衡，天然水体环境容量与排水的污染负荷逐渐超出平衡。个别地区在枯水期出现缺水，在丰水期又洪水频发，水环境问题日益突出。三是现代水利阶段。该阶段主要是以水资源的优化配置理论为基础，以水资源合理分配与统一管理为主要措施，统筹考虑经济、环境、人口等各方面因素，以实现水与社会持续可协调发展。

从三个阶段的转变可以看出，随着人口的增长和社会经济的迅速发展，需水量在不断增加，废、污水排放量也随之递增，水资源与社会经济发展、生态环境保护的不协调关系在"水"上表现得日益突出。为及时有效地解决出现的水问题，必须加强水资源的规划与管理，加大水资源管理规范化建设的力度，走可持续发展道路。

（四）水资源管理规范化建设的几点设想

1.认识到位，强化组织领导

实践证明，在我国现行体制下，领导的重视和支持与否直接关系着工作的成败。水资源管理规范化建设作为当前一项创新型工作，若要取得进展和成功，必须引起各级领导和水资源管理工作人员的高度重视，切实建立起主要领导亲自抓，分管领导具体抓，一级抓一级，层层抓落实的良好格局。

2.规划到位，建立健全机制

各地各部门应结合本地水资源管理工作特点和实际，制订本地区水资源管理规范化建设方案，明确水资源管理规范化建设的指导思想、工作原则、目标任务、工作对象、工作要求、步骤安排和保障措施，使水资源管理规范化建设工作做到年度有计划、季度有安排、年终有检查、年末有总结，确保创建有序开展。

3.制度到位，实行规范管理

制度建设是规范化建设工作的重要基础。结合工作实际，制定明确、具体、可操作性强的各项规章制度，是确保水资源管理规范化建设顺利实施，全面完成规范化建设任务的重要保障。要通过逐步完善和落实水资源管理责任追究、评议考核、执法监督等制度，形成强有力的水资源管理监督制约机制，真正做到用制度管人，依制度办事，按制度规范各级领导干部和水资源管理人员的行政行为。

4.培训到位，提升队伍素质

一支保障有力、作风过硬、人员精干、纪律严明的水资源管理队伍，是水利事业发展的有力支撑。随着水资源管理实践的不断开展，新情况、新问题不断涌现。这就要求水资源管理队伍建设也必须与时俱进，通过多方位、多途径的学习和培训，不断提高自身素质和水平，以能够适应新情况、解决新问题，要结合水资源管理工作特点，优选一批有学识、知法律、懂技术的专业人才充实到水资源管理队伍之中，为全面完成水资源管理规范化建设任务奠定坚实的基础。

5.考核到位，强化目标管理

为切实增强工作积极性和主动性，确保水资源管理规范化建设目标的实现，各地应根据规范化建设标准制订本地区的《水资源管理规范化建设考核工作方案》和《水资源管理建设目标任务分解和验收评分标准》，把规范化建设的工作目标纳入科学的考核评定标准之中，按照年度取用水总量控制、水资源开发利用、取水许可、水资源论证及监督管理等任务，量化管理指标，细化管理内容，建立水资源管理目标责任制和水资源管理人员岗位责任制，强化目标责任考核和奖惩制度。

6.投入到位，坚持科学创新

硬件建设作为强化水资源调度管理，实现规范化建设目标的有力支撑，其重要性不言而喻。各地应严格按照创建工作标准，配置相应的硬件设施，全面提升规范化建设的档次和标准。要充分利用遥感信息、地理信息、社会经济信息和水文信息、决策支持系统等现代新技术、新理论在水资源管理工作中的应用研究，使水资源科学管理水平和调控配置效率取得明显提高，以适应现代水资源管理的需要。

7.执法到位，严格依法治水

行政执法是水利部门履行自身管理职责，保障水资源科学合理配置和可持续利用的重要手段。各级水行政主管部门只有在治水管水过程中有法必依，执法必严，违法必究，水资源管理的权威才能真正树立。在水资源管理规范化建设中，要坚持水资源管理执法巡查制度，对重点工程、重点河道、重点建设地段定期开展执法巡查，对水工程设施暨水资源保护项目开展专项检查，要建立大案要案请示、审查、备案和挂牌督办制度，规范执法文书，强化档案管理，以管理促执法，以执法护管理。

8.宣传到位，形成社会合力

实行水资源管理规范化建设，不仅是一个科学问题，也是一个社会问题。要通过大规模的普法宣传教育，唤起全社会的水忧患、水商品意识，使大家都来珍惜水、节约水、保护水，用公众的支持和参与为水资源管理规范化建设营造良好的社会舆论氛围。

参考文献

[1]北京工程爆破协会,南京民用爆炸物品安全管理协会,中国铁道学会铁道工程分会爆破专业委员会.爆破工程技术交流论文集[M].北京:中国铁道出版社,2018.

[2]《地球上的水资源》编写组.地球上的水资源[M].广州:世界图书出版有限公司,2017.

[3]程平,郭进平,孙锋刚.现代爆破工程[M].北京:冶金工业出版社,2018.

[4]代玉欣,李明,郁寒梅.环境监测与水资源保护[M].长春:吉林科学技术出版社,2021.

[5]高金川,杜光印.岩土工程勘察与评价[M].武汉:中国地质大学出版社,2013.

[6]郭超英,凌浩美,段鸿海.岩土工程勘察[M].北京:地质出版社,2007.

[7]侯晓虹,张聪璐.水资源利用与水环境保护工程[M].北京:中国建材工业出版社,2015.

[8]姜宝良.岩土工程勘察[M].郑州:黄河水利出版社,2011.

[9]蒋辉.岩土工程勘察[M].郑州:黄河水利出版社,2022.

[10]蒋林君.小城镇水资源利用与保护指南[M].天津:天津大学出版社,2015.

[11]金爱兵.爆破工程[M].北京:冶金工业出版社,2021.

[12]李纯玉.探析工程勘察过程中水文地质问题的重要性[J].中国水运,2009,9(7):187-188.

[13]李惠强.论工程地质勘察中水文地质问题的危害[J].中国新技术新产品,2010(24):70.

[14]李林.岩土工程[M].武汉:武汉理工大学出版社,2020.

[15]李青山,李怡庭.水环境监测实用手册[M].北京:中国水利水电出版社,2003.

[16]李骚,马耀辉,周海君.水文与水资源管理[M].长春:吉林科学技术出版社,2020.

[17]李予红.水文地质学原理与地下水资源开发管理研究[M].北京:中国纺织出版社,2020.

[18]刘春.岩土工程测试与监测技术[M].北京:中央民族大学出版社,2018.

[19]刘汉湖,裴宗平.水资源评价与管理[M].徐州:中国矿业大学出版社,2007.

[20]刘景才，赵晓光，李璇.水资源开发与水利工程建设[M].长春：吉林科学技术出版社,2019.

[21]刘俊民，余新晓.水文与水资源学[M].北京：中国林业出版社，1999.

[22]刘凯，刘安国，左婧.水文与水资源利用管理研究[M].天津：天津科学技术出版社，2021.

[23]刘克文，沈家仁，毕海民.岩土工程勘察与地基基础工程检测研究[M].北京：文化发展出版社，2019.

[24]刘淑慧.农业节水与水资源高效利用[M].北京：中国城市出版社，2015.

[25]刘尧军.岩土工程测试技术[M].重庆：重庆大学出版社，2013.

[26]潘奎生，丁长春.水资源保护与管理[M].长春：吉林科学技术出版社，2019.

[27]邵红艳，韩桂芳.水资源公共管理宣传读本[M].杭州：浙江工商大学出版社，2017.

[28]舒展，邸雪颖.水文与水资源学概论[M].哈尔滨：东北林业大学出版社，2012.

[29]万红，张武.水资源规划与利用[M].成都：电子科技大学出版社，2018.

[30]王复明.岩土工程测试技术[M].郑州：黄河水利出版社，2012.

[31]王海亮，蓝成仁.工程爆破[M].北京：中国铁道出版社，2018.

[32]王继华，张风堂，赵春宏，等.三维岩土工程勘察系统开发与应用[J].电力勘测设计，2018(S1)：79-85.

[33]王建群，任黎，徐斌.水资源系统分析理论与应用[M].南京：河海大学出版社，2018.

[34]王腊春，史运良，曾春芬，等.水资源学[M].南京：东南大学出版社，2014.

[35]王式成，汪跃军，汪守钰.水文水资源科技与进展[M].南京：东南大学出版社，2013.

[36]王松龄，丰明海.滑坡区岩土工程勘察与整治[M].北京：中国铁道出版社，2001.

[37]王晓雷.爆破工程[M].北京：冶金工业出版社，2016.

[38]王幼清，郝庆多，陈兰.岩土工程[M].哈尔滨：哈尔滨工业大学出版社，2013.

[39]吴圣林.岩土工程勘察[M].徐州：中国矿业大学出版社，2018.

[40]席正明.爆破作业[M].成都：四川大学出版社，2017.

[41]夏旭维.岩土工程施工中基坑边坡失稳及加固处理技术探究[J].低碳世界，2019，9(02)：748-749.

[42]谢立勇.农业自然资源导论[M].北京：中国农业大学出版社，2019.

[43]徐建军.岩土工程爆破技术[M].北京：冶金工业出版社，2015.

[44]杨诚芳.地表水资源与水文分析[M].北京：水利电力出版社，1992.

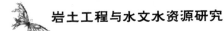

[45]杨国梁，郭东明，曹辉.现代爆破工程[M].北京：煤炭工业出版社，2018.

[46]杨建基，赖伟山，孙宗瑞.基于"智慧工地"管理系统和BIM技术的建筑施工安全生产管理深度协同[J].广州建筑，2019，47(04)：38-44.

[47]杨军，陈鹏万，戴开达，等.现代爆破技术[M].北京：北京理工大学出版社，2020.

[48]杨侃.水资源规划与管理[M].南京：河海大学出版社，2017.

[49]杨小林，林从谋.地下工程爆破[M].武汉：武汉理工大学出版社，2009.

[50]张展羽，俞双恩.水土资源规划与管理[M].北京：中国水利水电出版社，2017.

[51]赵宝璋.水资源管理[M].北京：水利电力出版社，1994.

[52]赵斌，张鹏君，孙超.岩土工程施工与质量控制[M].北京：北京工业大学出版社，2019.

[53]中国环境监测总站.水环境监测技术[M].北京：中国环境科学出版社，2014.

[54]左其亭，王树谦，马龙.水资源利用与管理[M].郑州：黄河水利出版社，2016.